家风十日谈

中国古人的治家良训和故事

李存山／主编

JIAFENG SHIRI TAN

广西人民出版社

图书在版编目（CIP）数据

家风十日谈：中国古人的治家良训和故事/李存山主编.—南宁：广西人民出版社，2018.3（2023.6重印）
ISBN 978-7-219-10529-0

Ⅰ.①家… Ⅱ.①李… Ⅲ.①家庭道德—中国—通俗读物 Ⅳ.①B823.1-49

中国版本图书馆CIP数据核字（2017）第310648号

责任编辑　吴小龙　许晓琰
责任校对　陈　威
整体设计　刘瑞锋（广大迅风艺术）

出版发行　广西人民出版社
社　　址　广西南宁市桂春路6号
邮　　编　530021
印　　刷　广西民族印刷包装集团有限公司
开　　本　787mm×1092mm　1/16
印　　张　11.75
字　　数　180千字
版　　次　2018年3月　第1版
印　　次　2023年6月　第6次印刷
书　　号　ISBN 978-7-219-10529-0
定　　价　38.00元

序

李存山

好家风是润物无声的力量，值得我们时代好好涵养和传承。

由是，继《家风十章》之后，我们又编写了这本《家风十日谈：中国古人的治家良训和故事》（以下简称《家风十日谈》）。前一本书主要是从理论上阐述家文化在中国传统文化中的特殊重要地位、家文化与家风的关系、传统家风的核心精神及其现代价值，等等。虽然在这种理论阐述中也要结合一些人和事，但它毕竟受到学理论说的局限，还不足以充分显示家风在中国历史上的社会生活和圣贤豪杰崇高人格生命中的"活"的特点。为了补此不足，我们选出周公、孔子、孟子、诸葛亮、李世民、范仲淹、苏轼、朱熹、曾国藩、梁启超等十位代表人物，以"十日谈"的形式，用具体的人和事来彰显家风对于这些圣贤豪杰的人格塑造和人生业绩所起的重要作用。

家风是家文化的灵魂，家庭是家文化的载体，而家风的传续是通过家教来实现的。因此，重视家庭、重视家教是传承和弘扬优秀家风的前提。而优秀家风的传承和弘扬，并不局限于一家一姓，它不仅是一个家庭和家族的和睦兴旺、代有才人出，还指向了“家国天下”的一体之仁，确立了以“立德、立功、立言”为人生价值的“三不朽”。它所塑造的圣贤豪杰的崇高人格成为中华民族杰出的代表和人们争相效法的楷模，极大地推动了中国历史文化的发展，这也正是“自强不息”“厚德载物”的中华民族精神之所以能够世代传承和不断发扬光大的机制所在。

中华民族自古就是以农立国，以耕读传家。《周易·系辞下》说：“古者包牺氏之王天下也，仰则观象于天，俯则观法于地，观鸟兽之文与地之宜，近取诸身，远取诸物，于是始作八卦，以通神明之德，以类万物之情。作结绳而为罔罟，以佃以渔，盖取诸《离》。包牺氏没，神农氏作，斫木为耜，揉木为耒，耒耨之利，以教天下，盖取诸《益》。”这段话说明，中华民族的先民在远古时期就不断地认识自然界与人类自身，创作了“八卦”（即后来所称《周易》）的文明成果，从包牺（又作伏羲）之世的渔猎生产逐渐进化到了神农之世的农业文明。自此之后，中华民族历代都是以农立国，而农业生产方式的特点决定了中国的广大乡村都是以家庭为基本单位，家与家的联系是形成“聚族而居”的村庄，故而重视家庭和家族就成为中国文化的历史必然。

孟子说：“人之有道也，饱食、暖衣、逸居而无教，则近于禽兽。圣人有忧之，使契为司徒，教以人伦：父子有亲，君臣有义，夫妇有别，长幼有序，朋友有信。”（《孟子·滕文公上》）契是尧、舜时期的人物，传说他曾担任火正，发明了以火纪时的历法，这是农业生产所需要的。他还曾帮助大禹治水，后来被任命为主管人伦教化的司徒。这说明在尧、舜时期中国文化就已经有了崇尚人伦道德的价值取向，《中庸》说孔子“祖述尧舜，宪章文武”，由孔子编纂的《尚书》是从《尧典》开始，这并不是偶然的。孟子还说：“设为庠序学校以教之：庠者，养也；校者，教也；序者，射也。夏曰校，殷曰序，周曰庠，学则三代共之，皆所以明人伦也。”（同上）这也说明，至迟在夏、商、周三代，中国就已经有了以“明人伦”为宗旨的学校教育。

《礼记·学记》说：“古之教者，家有塾，党有庠，术有序，国有学。”古时候是以二十五家为闾，每闾有家塾；以五百家为党，每党有庠校；以一万二千五百家为一乡，其学校称为“序”。“国有学”是指在国都设立的“国学”，而国都以外的学校则称为“乡学”。如朱熹在《大学章句序》中所说：“三代之隆，其法浸备，然后王宫、国都以及闾巷，莫不有学。”其学又有八岁入“小学”，十五岁入“大学”的两个教育阶段。在这套教育体制中，家塾是家庭教育与学校教育的结合，而在家塾之前则纯属“家教”的范畴。因此，家教是这套教育体制的基础，亦可说家庭是人生的第一所学校。

据西汉刘向所作的《列女传》，周文王之母就已重视“胎教”，即所谓：“大任者，文王之母……大任之性，端一诚庄，惟德之行。及其有娠，目不视恶色，耳不听淫声，口不出敖言，能以胎教。”后来周公辅佐武王灭商，又辅佐成王治理天下，其制礼作乐，重视家教，有《诫子伯禽书》流传。《礼记·内则》记载：“子能食食，教以右手。能言，男‘唯’，女‘俞’。男鞶革，女鞶丝。六年，教之数与方名。七年，男女不同席，不共食。八年，出入门户，及即席饮食，必后长者，始教之让。九年，教之数日。十年，出就外傅，居宿于外，学书计……”这里的一些具体细节不必详究，而从中已可见古人对于家教有详密周到的安排，其循序渐进、由浅入深，注重儿童的品德教育，使他们养成良好的行为习惯。

从《论语》中可见，孔子以“诗、书、礼、乐”教授弟子，而他对自己的儿子孔鲤也谆谆教导说：“不学诗，无以言！”“不学礼，无以立！”（《论语·季氏》）由此开创了以后主要以“诗礼传家”的家教传统。孟子“私淑”于孔子，而孟子之所以能成为儒家的“亚圣”，又是因为在他的背后有一位伟大的母亲，《三字经》中的“昔孟母，择邻处。子不学，断机杼”，正说明优秀的家教为孟子养成圣贤的崇高人格和“大丈夫”精神奠定了基础。

孟母教子实可以作为中华母亲优秀家教的一个杰出代表，她们是平凡而又伟大的母亲。虽然孟母教子的故事不止两则，但是写入《三字经》中的“昔孟母，择邻处。子不学，断机杼”却极具典型性。我们在童年时常听母亲教导我们“要学好”“要要强”，而“昔孟母，择邻处”也正是母教中常说的“要学好”，而“子不学，断机杼”也正是母教中常说的“要要强”。再往深处解读，可以说中华民族的“厚德载物”精神就蕴含在“要学好”的母教中，“自强不息”精神就蕴含在“要要强”的母教中。

中国文化重视家庭，儒家把孝悌作为普遍仁爱的本始，把家庭成员之间那种真挚的温暖的亲亲之情作为“仁民而爱物”的根源。这自有道德发生论的合理性，而且这也得到了世界各大宗教代表人士的认可，即《走向全球伦理宣言》中所说：“只有在个人关系和家庭关系中已经体验到的东西，才能够在国家之间及宗教之间的关系中得到实行。”在孝悌与普遍仁爱之间并没有不可逾越的鸿沟，相反，只有将亲亲之情“扩而充之”，“老吾老以及人之老，幼吾幼以及人之幼”，才是真正的孝悌。这正如孟子所说，“故推恩足以保四海，不推恩无以保妻子”（《孟子·梁惠王上》），“苟能充之，足以保四海；苟不充之，不足以事父母”（《孟子·公孙丑上》），如果“无以保妻子”“不足以事父母”，那么这肯定不是儒家所主张的孝悌。宋代的理学家程颐曾说："分殊之蔽，私胜而失仁。"如果仅仅局限在血缘情感，那就是"分殊之蔽"，这不过是"私胜而失仁"，并不是儒家所讲的"亲亲而仁民，仁民而爱物"。

中国文化对家庭的重视，也折射到中国哲学的自然观和世界观中，此即把整个世界视为一个大家庭，人与万物都是天地所生，故而天地就是人与万物共同的父母。如《易传》所说："天地感而万物化生。"（《咸卦·彖传》）"天地絪缊，万物化醇，男女构精，万物化生。"（《系辞下》）"乾，天也，故称乎父；坤，地也，故称乎母。"（《说卦》）《尚书·泰誓》也说："惟天地，万物父母；惟人，万物之灵。"因为人是万物之灵，所以"天地之性（生），人为贵"（《孝经》）；而人与万物又都是天地所生，故人就应有"仁民爱物"或"民吾同胞，物吾与也"（张载《西铭》）的道德自觉。因此，儒家的孝悌观念的扩充，就指向了"家国天下"或"民胞物与"的一体之仁。如朱熹在讨论《西铭》时所说："人之一身固是父母所生，然父母之所以为父母者，即是乾坤。若以父母而言，则一物各一父母；若以乾坤而言，则万物同一父母矣。……古之君子，惟其见得道理真实如此，所以亲亲而仁民，仁民而爱物，推其所为，以至于能以天下为一家，中国为一人，而非意之也。"（《朱文公文集》卷三十六《答陆子美》）

钱穆先生比较中西文化，曾说："中国人的家庭，实即中国人的教堂。"（《孔子与心教》）在此"教堂"的优秀家教中，从来不是教孩子鼠目寸光、自私自利，而是教导孩子"要学好"，做个好人，"要要强"，做个胸怀宽广、志向远大、能为社会做出重要贡献的人。前面提到的春秋时期"三不朽"之说，"不朽"本来可以是一个在个体生命结束之后灵魂继续存在的宗教问题，而在中国文化中却可以理解为是一个"保姓受氏，以守宗祊，世不绝祀”的家族传衍问题，更加被肯定的则是以“太上有立德，其次有立功，其次有立言”，即能为社会做出重要而持久的贡献，为人生价值的“三不朽”（《左传》）。我们可以看到，在中国家文化的家教培养、家风传承中，能够在中国历史上受人崇敬、彪炳史册的杰出人物都是在“立德、立功、立言”等方面做出了杰出成就的人。

我们之所以选出周公、孔子、孟子、诸葛亮、李世民、范仲淹、苏轼、朱熹、曾国藩、梁启超等十位代表人物，就是因为他们可作为中国历史上优秀家教、家风和实现人生“三不朽”价值的杰出代表。我们称他们为“圣贤豪杰”，而实际上他们又有所区别，周公、孔子和孟子是儒家的圣人，范仲淹、苏轼、朱熹和曾国藩是儒家的贤人，而诸葛亮和李世民则是偏重于事功的豪杰。这里的梁启超比较特殊，在他人生的前一阶段是追随乃师康有为，把学问与事功结合起来，在他人生的后一阶段则较专心于学问。他曾自诩“梁启超可谓新思想界之陈涉”（《清代学术概论》），故亦可称他是新思想界之豪杰。这里说的“新思想界”就已是中国近代以来古今嬗变、中西汇通的思想界，梁启超的学问与事功既继承了中国的文化传统，又更具有中国近现代的学者人格。梁启超所传扬的梁氏家风，既是他本人立身处世的原则，又成功地把九个儿女培养成为德才兼备的人。我们从中恰可以思考，传统家风在现代的价值及其如何创造性转化为现代社会的新形态。

在《家风十日谈》即将付梓出版之际，我写下以上感想，是为序。

目　录

第一日　周公：忠诚树模范，礼乐治家国

第二日　孔子：诗、礼庭训明仁义

第一日

周公：忠诚树模范，礼乐治家国

在中国古代，说到儒家，人们往往“孔孟”并提，但这其实是在宋代之后。从汉代到唐代，人们一提到圣人，往往指的是孔子和周公。

周公，姬姓，名旦。他是周文王姬昌的儿子，武王姬发的弟弟，成王姬诵的叔父，鲁公伯禽的父亲。在政治方面，他辅佐武王一举灭商，统一天下，建立周王朝；武王早死，又辅佐周成王，营建洛邑，东征平定三监之乱，是周朝初年稳定政权的最关键人物。在文化方面，周公制礼作乐，使周代文物大备，奠定了周代的文化和制度基础，并且影响后世。在“至圣先师”孔子那里，周公堪为他一生践行“德”“礼”的典范，因此常常梦见周公，晚年时，孔子将无法梦见周公视为自己的衰老和无力，他感慨地说：“甚矣吾衰也！久矣吾不复梦见周公。”

从文王、武王，到周公、成王，不仅是一个王朝的缔造史，也是一个家族的兴起史。周公是这个兴起历程的引导者，也是这个家族的守护者。一代英雄曹操，曾用一句“周公吐哺，天下归心”，表达了希望人才都来归顺的强烈意愿，这句诗流传千古，为众人所知，而“周公吐哺”的典故出自周公对其子的训诫，却鲜为人知。他写的一些家规训诫，比如《诫伯禽书》《无逸》，成为家训名篇。他教育儿子和侄子时强调的勤俭、敬畏、谦虚等品格，以及作为皇族负责人所秉持的顾全大局、忠诚无二的精神，都对后世的家风家训影响深远。

一、忠信传家远

中国古代社会，可以称作是家国同构的社会。在郡县制彻底推行之前，这种特色尤为明显。正因为家国同构，才有了“修身—齐家—治国—平天下”，帝王的家事即是国事，国事亦与帝王的家事相关联。而周公对武王、成王的辅佐，既是对国的忠诚，也是对家族的忠诚。

周王朝是由一个西方的小部落发展起来的。在商朝强大的时候，周是臣服于商的异姓诸侯。商纣王在位时，姬昌为西伯侯。他修德睦邻，努力发展生产，使周成为众多诸侯国中实力最强、最有威望和号召力的国家。许多人才和诸侯纷纷归顺西伯侯，以至于当时周达到“三分天下有其二”的程度。不过文王仍然恪守臣节，依然保持对纣王的忠诚。文王死后，武王即位，此时的纣王已荒淫无度，为人神所共愤。武王便联合各诸侯国起兵伐

周公

纣，商郊牧野殷军倒戈，纣王自焚。武王灭商后，因为过度劳累，患了重病，宫中和朝堂无主，周陷入了严重的危机。

这时，周公站了出来。他觉得作为武王的弟弟，要对兄敬；作为武王的肱股之臣，他要对君忠。于是他建立了三个祭坛，向太王、王季、文王祈祷，求让自己代替武王去死，以安天下。

太王、王季、文王是武王、周公的先祖。那时的人认为，有德的帝王死后，其灵魂将升天，成为天帝的辅助（所谓“宾于帝”）。后世子孙向祖先和天地祷告，可以获得赐福。太王就是古公亶父，是周族兴盛的关键人物之一。他有三个儿子：泰伯、仲雍、季历。季历的儿子便是姬昌。太王看到姬昌出生时有祥瑞之兆，知道他将来是圣王，因此有意传位给季历以传孙姬昌。但根据商代的宗法制度，不能直接传位于季历。泰伯、仲雍知道了父亲的心意，便故意逃到吴越地区。那时的吴越还是未开化的地方，泰伯、仲雍割断头发，身体纹上少数民族的纹饰，表示自己已混同于蛮夷，不具备继承的资格。泰伯、仲雍这样做，既实现了父亲的愿望，又不使父亲为难，不陷父亲于不义。正是如此，孔子赞叹：“泰伯，其可谓至德也已矣！三以天下让，民无得而称焉。”大意是，泰伯这人，我真是佩服。他无私地让出天下，人民都找不到语言来称赞他。周代能够兴起，和其家族成员的忠诚、和睦是分不开的。

这种忠诚也延续到了周公身上。周公向太王、王季、文王祷告，祈求他们保佑武王健康平安。他的祷辞是这么说的：“若尔三王是有丕子之责于天，以旦代某之身。予仁若考，能多材多艺，能事鬼神。乃元孙不若旦多材多艺，不能事鬼神。乃命于帝庭，敷佑四方，用能定尔子孙于下地，四方之民罔不祗畏。呜呼！无坠天之降宝命，我先王亦永有依归！今我即命于元龟。尔之许我，我其以璧与珪，归俟尔命。尔不许我，我乃屏璧与珪。”（《尚书·周书》）大意是，如果三位先王在天上需要儿子服侍，请让我姬旦代替兄长姬发吧。我灵巧能干，多才多艺，能事奉鬼神。周王发不如我多才多艺，不会侍奉鬼神。他受命于上天，拥有天下四方，能使你们的子孙在人世安定地生活，四方人民无不敬畏他。他能使天赐宝运长守不失，我们的先王也能永享奉祀。现在我已经用神龟占卜，你们若能答应我的要求，我将圭璧献上，听从吩咐。你们若不答应，我就把圭璧丢弃掉。这是在向祖先祈求，希望自己能代周武王去死。于国而言，是臣子尽忠；于家而言，是弟弟尽悌道。

后来武王暂时恢复了健康，周公命人将这个祷辞封在盒子里。不过好景不长，武王不久还是去世了。这时成王年幼，周公与召公奭共同辅政，以周公为主导。历史上甚至有人认为，周公当时是摄政王。他大权在握，又有人望，而成王年幼，难免会有人对他产生猜忌。周公的兄弟管叔、蔡叔和霍叔便对周公的掌权不服，散布谣言，说周公将对成王图谋不轨。还勾结纣王之子武庚，煽动东夷几个部落，发动叛变，史称“三监之乱”。周公由此作《大诰》，率军东征。杀武庚，诛管叔，放逐蔡叔，贬霍叔为庶人，还消灭了参加叛乱的五十多个小国，将周朝的统治地区延伸到东部沿海，大大地稳固了周朝的统治。可以说，周武王完成了灭商的功业，周公则为周朝的统治添上了最坚固的柱石。创业维艰守业难，家庭也是如此，需要每一代人的坚持与努力，需要每一个成员对家族和事业的忠诚。

周公的功劳大，反而引起成王的猜疑。还政成王后，为避免猜疑，周公一直居住在东方的洛邑，守护东方国土。周公后来病死，遗言是想葬在

周公辅成王

成周（镐京），以默默守护自己的侄子成王，但成王把周公葬于毕，使周公服侍文王。这一年秋天，周出现了异象：庄稼谷粒饱满，一看就是丰收之景，然而未等人们收割，忽然狂风大作，庄稼倒伏，大树被连根拔起，天空中电闪雷鸣，人们非常恐惧。成王这时候打开封在盒子中的祷辞，才知道周公当年尽忠的那段真相。他对自己怀疑周公的事懊悔不已，于是按周公的遗愿改葬，并亲自去郊外迎接周公的神主。据史书记载，这时天空忽降细雨，风改变方向，把吹倒的庄稼又吹起来，周朝获得了大丰收。

周公在国家危难之时，临危受命，作为摄政王，单凭行为确实很难判断他是忠臣还是篡国之佞臣。周公曾经向姜太公和召公奭表达过他的忠诚和志向，并获得了他们的认可。这种忠诚，既是对家庭的忠诚，又是对国家的忠诚。这种忠诚，不仅维护了周王室的长治久安，也使周公自己的家族获得了赞誉。成王把周公当作君王一样看待，赐给鲁公伯禽天子礼乐，使鲁国君主能以天子礼祭祀周公，这是其他诸侯国想都不敢想的。周公的忠心给家族带来了善报。

二、谦虚获民心

周公有一篇著名的家训，即《诫伯禽书》。当时，周公本被封为鲁国的诸侯，但成王尚且年幼，国家政权不稳定，周公便留在王都辅佐成王，让长子伯禽代他去鲁国。临行前，周公告诫伯禽说：

我文王之子，武王之弟，成王之叔父，我于天下亦不贱矣。然我一沐三捉发，一饭三吐哺，起以待士，犹恐失天下之贤人。子之鲁，慎无以国骄人。

周公的意思是：我作为文王的儿子，武王的弟弟，成王的叔父，按权力、声望和地位来说，也不算卑微了。但我仍然在洗头的时候三次握起湿着的头发，吃饭的时候三次吃进去，又吐出来。这是因为如果有贤能之士来见我，我就马上出去接待他们，不敢怠慢。这样才能够不失去天下的人才，得到人们的信任。你到了鲁国，千万不能因为自己是一国之主，便傲视国人啊。

周王朝以宗法制与分封制统治天下。嫡长子继承天下，成为王；庶子被分封到其他地方，成为诸侯王。那时的周王朝，还没有强大到将其他所有部族纳入到自己的行政范围。为了维持王朝的统治，周天子不仅分封同姓诸侯，还分封异姓诸侯。异姓诸侯国，一般是灭商的联盟侯国，或者是周王室的功臣，比如姜太公被封于齐。周王室常用通婚的方法联络异姓诸侯，以婚姻“合二姓之好”，所以周王室以及姬姓的诸侯国，与异姓诸侯国便结成甥舅关系。换句话说，当时的周王朝，就是一个大家庭：同姓的属于宗法关系的范畴，异姓的多是姻亲。周天子于天下而言是君主，于家庭而言则是家长。大夫对于诸侯，诸侯对于天子的效忠，既是政治上的，又是家庭伦理上的。异姓诸侯作为姻亲之国，一方面辅助周王朝的统治，一方面也给周王朝带来了新的文化和力量。所以，如何笼络异姓诸侯，也是周天子必须考虑的治国方略。

周天子非常明白，仅靠姻亲来联络诸侯国是远远不够的，因此在治国治家时还表现出另外一个特点，即“尊贤”。姜太公是当时非常有才能的人，故文王谦虚地向他求教，“学焉而后臣之”，终于获得姜太公的辅佐而一匡天下。要获得其他人的支持，首先要谦虚。周公每天兢兢业业，日理万机，但遇到有贤能的人来拜访，必定中断饮食或沐浴而去接待，正是这种礼贤下士的谦虚态度，使他获得天下贤才的信任。老子说，大海之所以能让千万条溪流都朝向它，正是因为它处在最低下的地方。周公的谦以待人，正是如此。后来曹操读了周公的《诫伯禽书》，写下了“山不厌高，海不厌深。周公吐哺，天下归心”的名句，是对周公善待贤能的最佳总结。

对于一个新封的诸侯王来说，谦虚尤其重要。伯禽被封在鲁地，这个地方土地较于齐国稍丰厚，人口更多，民风也更为淳朴。但伯禽没有因民风淳朴而轻视其民众，因为他知道在一个地方开辟国家，尽管有周天子的授命以及赐予的士卒、人民和礼器，还需要虚心地接受当地贤人的意见，才能与当地融为一体。伯禽的礼贤下士，使鲁国大治。当时淮夷、徐戎叛乱，伯禽配合成王，讨伐徐戎，一举而定鲁，也使周王朝获得了稳定和统一。伯禽的后代在鲁地的统治，相较于其他诸侯国，基本是忠厚、稳固的。周公不但以此教育儿子伯禽，也以此教育侄子周成王。他告诫成王说，千万不要慢待贤人，欺侮老幼。

谦虚，不仅包括对于其他人的尊重，还包括对于上天的敬畏。内心无所敬畏的人是可怕的，因为他们往往会肆无忌惮。如商纣王，当各地诸侯都已反叛的时候，他还以一种傲慢的口气对臣民们说：“呜呼！我生不有命在天。”意思是我做帝王的命运是天定的，叛贼能奈我何呢？他认为自己不管做什么坏事，上天都站在他这一方，对上天无所敬畏，肆无忌惮。西方的周文王，则小心翼翼，昭事上天。他们认识到，上天对于一个家族、一个国家的赐予或帮助，不是无条件和永恒的，而是扶植有德之人、有德之家。文王、武王、周公一直以“小邦周”自居，称殷商为“大邑商”。文王三分天下有其二，仍然向纣王称臣，并不放弃劝说纣王；武王会八百诸侯，观兵孟津，感觉天命未到，仍不轻易冒进，重新整顿力量。这些都是谦虚、敬畏的体现。在当今社会，我们未必信奉上天和神灵，但须知内心的敬畏，须有道德的底线。只有如此，才可以“自天佑之，吉无不利”。与此相反，则是天怒人怨、众叛亲离。对于国如此，对于家亦然。

三、无逸保家业

《周易》的乾卦，其《大象传》十分有名：“天行健，君子以自强不息。”《大象传》，有人认为是孔子所作，但他传达的是周代特别是周公的精神。《周易》的爻辞据说是周公所作。乾卦九三爻的爻辞有言：“君子终日乾乾，夕惕若厉，无咎。”意思是说，君子一天到晚都奋发有为，到了晚上仍十分警惕，就好像遇到危险一样谨慎。君子保持这种状态，就会没有咎灾。

著名思想史家徐复观先生在总结周代人文精神时，特别点明了周人的忧患意识：“这种忧患意识是先秦儒家人文主义的源头，标志着中国传统文化由原始宗教向人文主义的转化，并预示着以后几千年整个中国文化发展的人文主义的根本趋向。”而这种忧患意识，最集中的表现便是周公。我们前面说到他“一沐三捉发，一饭三吐哺”，既是谦虚之故，也是忧患意识使然。

创业是艰难的，古人常用“筚路蓝缕，以启山林”来形容。但基业建立之后，家族或国家的继任者们往往体会不到当时的艰苦，认为财富和权力的拥有是理所当然的，容易骄奢淫逸。周公追随文王、武王，知道家族创业的艰辛，更知道维持这份事业的不易。周代分封诸侯，往往赐给他们青铜礼器，上面常刻有一句话：“子子孙孙永保用。”这句话的重点不是青铜器的长久保存，而是祈求子孙绵延和事业长久。

周武王去世的时候，据《史记》记载，成王尚在襁褓之中。在和平时代成长起来的君主，容易贪图享乐。周公非常注重成王的教育。为了使成王成为一代明君，继承乃祖乃父的基业，周公给成王作了各种训诰，它们被史官记录、整理下来，便是《尚书》中的许多文章。其中《无逸》乃是最有名的一篇。

《无逸》的一开头便告诫成王，居于天子之位，一定不要贪图安逸，要"先知稼穑之艰难"。周的祖先后稷，是舜禹时候的农官，他教导百姓种植庄稼，人民不再因只吃鱼虾而生病。《诗经·生民》记载，他生下不久就能种大豆，种的禾粟嫩苗青，麻麦长得又旺盛，瓜儿累累果实成。后稷稼穑，善于辨明土地特性，让五谷按照其特性繁茂生长，人民喜获丰收。自从后稷以来，周人便比其他部落更了解稼穑艰难。那时社会生产还没进入铁器时代，青铜器贵重，耕种主要是靠木、石、骨制成的工具，"刀耕火种"是那个时候常见的景况。一个农夫一年劳动所得，除去勉强维持温饱的部分，能交给王室和诸侯的并不多。如果王室的赋税再重一些，很多人便食不果腹。

王室对耕种的影响，主要有两个方面，一是赋税，二是徭役。尤其是后者，对于正常的生产破坏极大。一般说来，动用民力筑城、修路等活动，最好是在秋收之后进行，以做到"不违农时"。但骄奢淫逸的君王则不管这一套。大的建筑工程，不仅需要的人多，而且耗时长久，必然耽误农时。除了追求壮丽的宫室，历史上还有很多君主、贵族变着花样玩耍。比如尧帝的儿子丹朱，居然喜欢在地上坐船。地上如何能行船？当然是让民夫在旱地拖着船走。隋炀帝沿大运河游览，征调了大量民夫来牵引他的龙船，已是十分骄奢，丹朱居然让人在旱地上拉着他巡游，荒唐之极。无怪乎尧没有把王位传给他，而是给了舜。骄奢的人，整日游手好闲，想着如何打发光阴，如何满足自己的各种欲求，必定会疏于事务。

在《无逸》中，周公给成王举了四个勤政的模范：殷商的中宗、高宗、祖甲，以及成王的祖父周文王。殷中宗敬畏天命，在治理民众方面不敢有丝毫的懈怠，最后享国七十五年；殷高宗在父亲死的时候，守丧三年，居住在庐棚里，一言不发，将国家大事委托给冢宰，他亲政之后也不随便发言，一发言便直中要害，使商朝获得中兴，他在位五十九年；祖甲曾在民间生活，深知民众疾苦，即位后特别体恤民众，不敢逸豫，从不歧视孤寡之人，他在位三十三年。此后商朝的国君一个比一个放纵，享国也短，最后使成汤的基业毁于一旦。周文王善仁谦恭，安抚庶民，施德孤寡，从早晨到中午再到太阳偏西，几乎没有工夫吃饭，全用于造福万民，从不敢懈怠，恭恭敬敬操劳政事。文王中年即诸侯之位，在位五十年。

周公给成王树立了四个正面典型，又列举了纣王这个反面例子。除了一般的骄奢，他尤其点明了纣王“酗于酒德”。不酗酒为何在“无逸”的要求中如此重要？这有两个原因，一是酒是消耗品，酿酒需要大量的粮食。这在生产力不高的时代，显然是比较奢侈的，即便到了宋代，司马光在《论风俗劄子》里面还提到，饮酒之风不利于农粮的丰赡。二是饮酒过度会乱德。古人对于酒的主要用途是礼。祭祀上天、祖先，都要用酒，君主宴请贤人，乡里增加情谊，也需要酒。但喝酒的场合、对象和数量，是有节制的。过度饮酒，狂醉迷乱，是对礼法的极大破坏。据说纣王建造了“酒池肉林”，男女裸体追逐于其间，有这样的国君，国家如何不败亡呢？小到一个家庭，其成员过度饮酒也往往出事。周公也是有鉴于此，而以勿酗酒训诫成王。殷商人喜好饮酒，亡国之后此风仍不衰。当时殷商遗民居住在卫地，饮酒不辍，周公把康叔封在卫地后，给康叔作了《酒诰》，让他限制本国的饮酒风气。

事实证明，周公的教育非常成功。周成王最终成为一个非常勤勉有为的君主。他在位期间联合堂兄鲁公伯禽东征淮夷、徐戎，大获成功，四方皆归顺，同时他还兴正礼乐，民众和睦，百姓纷纷称颂其功业。

四、礼教护门风

关于礼教，还有个故事。周公命儿子伯禽代替自己做鲁公。伯禽在鲁三年，才回京师向周公汇报。周公问他为什么这么晚才汇报，伯禽说："变其俗，革其礼，丧三年然后除之，故迟。"意思是，我到任后，改变他们的风俗，革新他们的礼仪，给他们制定三年之丧。等到他们除丧，礼仪的变革才结束，所以迟了。与此相对的是，姜太公封到齐国，五个月就回朝廷来汇报。周公问他为何这么快，太公说，我自然是为政简易，随顺当地风俗。

我们这里不争论齐、鲁的管理方式谁优谁劣。应该看到的是，伯禽其实忠实地传承了乃父的精神——重视礼乐文明，以及其移风易俗的作用。我们说周公最大的贡献，除了具体的政事实践，乃在于他"制礼作乐"，使周代文物大备。不少人认为，现在十三经之一的《周礼》，就是周公平定叛乱之后，制礼作乐，以致太平之书。周礼与周公，紧密联系在一起，周公成了周礼的象征。

由此，周公的封地鲁国，自然也传承了其礼乐文化。伯禽身承周公的教育，在鲁地推行周的礼乐，三年之后取得了成功。从此鲁国变成礼仪之邦。到春秋时代，礼崩乐坏，列国不秉周礼，而鲁国成为保存礼乐文明最完备的国家。鲁襄公的时候，吴国的季札到鲁国游历，听到太师演奏的乐之后，十分慨叹。鲁昭公的时候，晋国的大夫韩宣子到鲁国，见到了《易象》和《鲁春秋》，他便感叹，周礼都保存在了鲁国啊，我现在终于明白周公的德行和周朝之所以能成就王业的缘故了。晋与鲁，同为姬姓诸侯国，晋国离周王室更近，但晋国的大夫却羡慕鲁国礼乐的完备，可见鲁国奉行周公之礼，传承得十分认真。

鲁国的历代国君奉行周礼，还救了国家一次。据载：鲁庄公的夫人哀姜与当时的公子庆父私通，庄公死后，公子般即位，庆父唆使人弑杀了公子般，让闵公即位。齐国的仲孙年去鲁国访问，回国后，齐桓公问仲孙年鲁国的情况，仲孙年回答说，庆父不死的话，鲁国祸患就不会结束。齐桓公又问，现在可不可以灭掉鲁国呢？仲孙年否定了齐桓公的想法，其理由就是鲁国还没有放弃周礼，周礼是鲁国的根本，现在鲁国的根本还没失去，就不可能灭亡。

当然，鲁国的君主因不循礼法而导致身死家破的也不少。比如鲁桓公弑兄而立，自己的夫人文姜与兄长齐襄公私通，鲁桓公最后在齐国被齐襄公杀死。鲁桓公的儿子鲁庄公，忘记了父亲的大仇，又娶了齐国的哀姜，哀姜与公子庆父私通，虽然没有弑庄公，却连续杀死了庄公的两个儿子，直到齐桓公把哀姜杀掉才平息了这场祸乱。《周易》上说："积善之家，必

孔子梦周公

有余庆；积不善之家，必有余殃。臣弑其君，子弑其父，非一朝一夕之故，其所由来者渐矣。由辨之不早辨也。”桓公、庄公不秉持祖先制定下的礼法，莽撞妄行，故而酿成弑君之祸。

但不论如何，伯禽在鲁地所推行的周公之教是成功的。整个鲁地的百姓比较笃守礼仪，爱好经学。因为周公的影响，这里才诞生了颜徵在、孟母等伟大的母亲，才培育出孔子、孟子这样的圣人。不管是秦灭鲁，还是后来刘邦取鲁，这里都能弦歌不绝，以至于司马迁感叹：“齐鲁间之于文学，盖天性也。”其实这哪是什么天性，是周公和孔子的流风余韵啊。

民间有一种说法，叫“万事问周公”。同孔子一样，周公成为中华儿女心目中最有德性、最有文化的人。与孔子稍不同的是，周公还处于摄政王、鲁国先祖等较高的政治地位，参与了许多政治实践，因此他的家训多上升到国家的层次。这些训诫能施之于国家，同样可以施之于家族。一个国家的兴衰，与一个家族的兴衰，虽规模有所不同，其治理智慧却可以相通。忠信为家（国）、谦虚待人、无逸戒惧、秉持礼义，这些都已成为塑造中华家风的基本元素。周公的影响，可谓深远长久！

（执笔：谷继明）

第二日

孔子：诗、礼庭训明仁义

继周公之后，中国出现了另一位伟大的思想家、教育家，也在当时就被奉为“天纵之圣”“天之木铎”，在后世更被尊为“至圣先师”“万世师表”。这个人就是孔子。他所创立的儒家学派影响了中国两千多年，直至今日仍被视为中华民族传统文化的根基之一。

孔子是春秋时期的鲁国人，据《史记》记载，其祖上为殷商之后，周时被封于宋国。后来孔子的曾祖让弟弟继承国君之位，辗转离开宋国来到了鲁国。等到孔子出生，家境已然堪忧，父亲又早逝，所以孔子年少时的生活十分清贫，给别人记过账，放过牛。但是孔子一心向学，并崇敬周公，立志改变时代面貌，恢复礼乐制度。

当时，鲁国的政治为季氏等三位贵族把持，国君的权力已被架空。贵族内部也是勾心斗角，国家正处于礼崩乐坏的境地。孔子想在鲁国推行仁政，恢复礼乐，终不能成，孔子无奈，离开了鲁国。从卫国到齐国，从齐国到楚国，孔子游历十几年，可谓尝尽了人间冷暖，但他始终没有放弃自己的仁政理想。晚年的孔子，再次返归故国，一心教书育人，为后世传颂。孔子去世之后，儒家思想经曾子、子思、孟子传承，到汉武帝时期“罢黜百家、独尊儒术”，儒家思想成为统治阶层的主流思想，对后世产生了不可估量的影响。

在儒家思想流传的同时，孔子家族的传承也一直没有断绝，至今已有2780余年，是为有迹可查的世界古老的家族之一。尤其可贵的是，不管世事如何变迁，孔氏一族总是人才辈出，并能以优良的品行处世。那么，是什么让这个千年的家族一直长盛不衰、绵延至今呢？这就不能不提孔门的优良家风了。

一、学“诗”学“礼”承圣言

孔子家风的源头，要从孔子对儿子孔鲤的教育说起。这个故事在《论语》中有明确的记载。

孔子的儿子叫孔鲤，传说这个孩子出生的时候，鲁国国君派人给孔子送来一尾鲤鱼以示祝贺，孔子非常高兴，因此给儿子起名鲤，字伯鱼。孔鲤是孔子的独子，他长大后也和孔子的诸多弟子在一起学习。有一天，孔子的学生陈亢拦住了孔鲤，问，伯鱼啊，老师有没有背着我们教你一点什么别的东西啊？孔鲤说，没有啊，和大家都是一样的。不过，有一次，我看见父亲独自一人站在庭中，我就小步快跑，到了父亲跟前。父亲说，伯鱼啊，最近学《诗》了吗？我说，没有。父亲说，不学《诗》，无以言。我就赶紧回去读《诗》啦。又有一天，还是在中庭，父亲问我，伯鱼啊，最近学《礼》了吗？我说，没有。父亲说，不学《礼》，无以立。我就赶紧回去学《礼》了。陈亢一听，嗯，老师确实没有给伯鱼开小灶。为什么这么说呢，因为在当时孔子的教育体系当中，《诗》《礼》都是孔门弟子的必读书目，陈亢和孔鲤学的都是一样的。而且，在孔子身后，后代子孙们

学《诗》《礼》

牢牢记住了孔子对孔鲤的训诫，并把这种训诫的方式称为“庭训”。孔门家风，开宗明义就是学《诗》、学《礼》，它成为历代孔门子弟自我修养与教育后代中最为重要的一条训诫。

那么，诗与礼对当时的孔子究竟意味着什么，孔子为什么要把它们提到如此重要的地位，而这样一条圣人的亲训又给后代带来怎样的影响呢？

“不知《诗》，无以言”，这是孔子对《诗》的评价。春秋时代，上层人物之间的对话有引用《诗》的习惯，以《诗》的内容表达自己的情感与诉求。例如《左传》中记载了这样一个故事。

晋文公重耳在获得王位之前，曾经遭人诬陷，被父亲猜忌险些丧命，为了逃避仇杀，他不得不选择流亡国外。经历了多年的颠沛流离之后，重耳来到了秦国。当时主政秦国的是秦穆公，他非常欣赏重耳，热情款待，甚至把自己的女儿嫁给了他。在一次宴会上，重耳对秦穆公说：“沔彼流水，朝宗于海。”这出自《诗》中的《沔水》。重耳借着诗句表达心愿，我重耳就是河水，愿依附您这个浩荡海洋。穆公听出了重耳的心意，回应了一首《六月》。《六月》也是《诗》中的一篇，讲述的是周宣王庆祝大臣凯旋的故事。穆公用这首诗歌作答，表示自己对重耳的欢迎，以及将来对重耳的支持。这一颂一答，不懂《诗》的人会觉得两人什么都没说，而熟悉《诗》的人都明白，两个人已经把自己的心迹表露无遗。这样的例子，在春秋的政治生活中并不少见。

另外，众所周知，《诗》在孔子之前就已经存在多年，而后来的所谓的“诗三百”（就是我们后来读到的《诗经》），是由孔子删定而成。删诗，是一项巨大的文化工程，也是思想工程，孔子在《诗》中寄托了自己对文学、对社会、对人心的理解与期待。所以，孔子在审视《诗经》时说：“《诗》三百，一言以蔽之，曰：‘思无邪。’”这说明，《诗》在孔子的理解中，不仅可以用来与人对答，还可以陶冶人心。学《诗》也不仅是学会说话，还是学从内心生发出来的道德力量，所谓诗教就是从此而来。那么，学《诗》对于后代来说，更是一种道德情操的陶冶与修养了。

“不学《礼》，无以立”，则是孔子在向儿子强调礼的重要性。可以说，《礼》和《诗》是相辅相成的。《诗》陶冶人的内在道德情操，而《礼》规范人的外在行为准则，大而言之，是一个社会能够正常运行的法则，小而言之，是一个人能够在社会中自处的规范。孔子非常重视“礼”的意义，这从他一生的重大选择中可以看出。

孔子一生两次离开鲁国，可以说都与“礼”有关。第一次出走是孔子三十五岁那年，鲁国贵族季孙氏，“八佾舞于庭”，就是观看六十四个舞伎的舞蹈。孔子得知后，说下了那句著名的“是可忍，孰不可忍”，第一次远走他乡。人们可能要问，为什么一段舞蹈让孔子如此愤怒呢？这就涉及当时的“礼”。按“礼”，天子用八佾，诸侯用六佾，而作为贵族的季孙用八佾，就是对“礼”的践踏，这是孔子绝对不能容忍的。第二次出走发生在孔子做鲁国大司寇之时。孔子之所以能够出任大司寇，主要的原因是鲁国的掌权者季桓子的支持。但是，正当孔子干得风生水起，邻国齐国有点怕了，就给季桓子送了一大批美女。于是，季桓子整日沉迷女色，三日不问政事，国事眼看就要荒废了。这时孔子的学生子路有点坐不住了，就对孔子说："夫子可行矣。"从对话中可见，师生两人对于这件事情早有讨论。但是，孔子却说再等一等。他等什么呢？原来，马上就要春祭了。按"礼"，季桓子在春祭时要给送给孔子一块肉。"鲁今且郊，如致膰乎大夫，则吾犹可以止。"孔子依然希望季桓子能够按礼制送给他祭祀的用肉，如果季桓子真的这么做了，孔子觉得还是可以劝说他重新走上正途的。然而，春祭日子到了，肉却没有送来。孔子终于下决心第二次离开鲁国，开启了他十四年的周游之旅。这时，又有人难免疑惑：季桓子沉迷女色都无法让孔子下决心出走，为什么一块肉就让孔子这么决绝呢？后来，孟子解释说，"不知者以为为肉也，其知者以为为无礼也"。所以，孔子最终看重的还是"礼"。

历代孔门子弟当然非常清楚孔子在"诗"与"礼"所倾注的心血，这是孔子对人内在修为与外在行为的基本要求，同时也是最高期待。所以，"诗""礼"传家，当仁不让成为孔门家风中第一条训诫，从孔鲤开始，成为孔门家风的源头，当然也为后世无数的孔门子弟亲身实践。在孔子的诸多后代中，他的二十世孙孔融可称这方面的楷模。

孔融，字文举，东汉末年人，世称孔北海。他在文学方面很有建树，位列建安七子之中，但是，明代大思想家李贽却说孔融："以文章之末技而掩其立身之大贤，可惜也！"意思是说，文章对于他来讲只是人生的细枝末节，而世人因此称赞他，就淹没了他真正的贤德。李贽为什么这么说呢？这要从孔融所处的时代说起。

东汉末年是个离乱的年代，很像孔子所处的春秋末期，群雄并起，纲常混乱。有德者，早就让位给有能者。但是孔融身处其中，却接续孔子的衣钵，把“诗”“礼”养成的道德品质看得非常重要。孔融不仅个人文学成就斐然，更重要的是，他能在一个乱世中，以自己的生命去实现这个“礼”。孔融身上有很多故事，例如孔融幼年时让梨的故事，告诉后人他懂得兄弟之间孝悌之礼。成年之后，孔融做官，适逢曹操主政。官渡之战后，曹操攻陷邺城，大肆放纵士兵，抢夺袁绍的妻女。曹丕就把袁绍的儿媳妇甄氏据为己有。孔融得知这件事情之后，就给曹操写了一封信，说“武王伐纣，以妲己赐周公”。曹操没有明白什么意思，他知道书中记载，武王伐纣之后，是把妲己杀了的啊，孔融为什么这么说呢？后来，他问孔融这句话出处在哪儿，孔融回答：“以今度之，想其当然耳。”曹操突然明白，这是在讽刺自己儿子强娶袁绍儿媳妇，于是恼羞成怒，不久就贬了孔融的官。但是，贬官并没有吓倒孔融，当孔融看到曹操身为汉臣，多有不轨之心、僭越无礼的时候，又几次讽刺，甚至当面指责，最终被曹操杀害。

孔融虽然死了，但是他不畏强暴，以才华成“诗”名重天下，以生命护“礼”德被千载，成为后世称赞的道德楷模。而后世从一个又一个“孔融”的身上，也越来越清晰地明白，孔门“诗”“礼”传家的训诫，注重人的内在修养与社会规范之间的联系，它启示着后人不断思考，如何锻炼自己的内心，以及如何以自己的内心去面对我们所在的世界。

二、见善如不及，见不善如探汤

曲阜孔府，存世两千余年。据记载，孔子谢世之后，他的嫡系后人就居住在那里，主要是看护孔子的遗物。后来，儒家思想的地位越来越高，孔府的规模也越来越大，尤其到了宋明之时，孔府几经扩建，成为我国规模仅次于故宫的最大的私人府邸，所谓“天下第一家”。走进孔府，其内蕴的文化意味令后人赞叹，而孔子的家风，经过千年的陶冶，早就渗透在孔府的一草一木当中。

据传，在孔府西门内，有一口大铁锅，每天孔家都会有人带着薪材前去烧水。让人诧异的是，水沸即回，开水并无人使用。这一举动，着实令人不解，但这样负薪烧水、水沸则止的行为却沿袭了上千年，是孔府一直不变的规矩，直到中华人民共和国成立。为什么会有这样的怪异举动呢？细细探究起来，这其实是孔门子弟用行为阐释着孔子的善恶观念。

孔子曾说：“见善如不及，见不善如探汤。”汤，就是沸水的意思。他在告诉人们，面对善与不善应该是什么样的态度。如果有从善的机会，一定要抓紧去做，就像如果不做就再也没有机会一样；如果遇到不善的事情，那一定要赶紧回避，就像把手探入沸水中一样。这是对孔子的善恶观非常形象的表达。它成为孔门家风中一项非常重要的内容，提醒人们一定要善恶分明。几千年来，后人为了更好地铭记孔子的训诫，渐渐形成了这样一个烧水的习惯。水沸则止，貌似无用，其实在这一过程中，人们看到的是孔子对善恶的态度。那么，孔子为什么要这么强调对待善与恶的态度呢？这就要从孔子的为人和他所处的时代说起了。

孔子一生主张仁政，为此四处奔走，留下很多关于从善的格言，如：“三人行必有我师，择其善者而从之，其不善者而改之”，“见贤思齐，见不贤而内自省也”，等等。在劝人从善的时候，一般来讲，孔子给人留下了温柔可亲的形象。因此，人们往往容易忽略，孔子在面对不善的时候所体现出来的决心和勇气。

孔子一生历经许多艰难困苦，遭逢的恶事，更是比比皆是。但是要说给他带来最大麻烦，在道德上构成挑战的，非阳虎莫属。这个阳虎也是鲁国人，是当时鲁国权臣季桓子的家臣。这人是典型的有能无德，他的名言是“为富不仁矣，为仁不富矣”。这与孔子的政治主张恰好相左。这个阳虎一心钻营，深得季桓子信任，后来就架空了季桓子，成为鲁国真正的掌权者。当时，孔子也在鲁国，以教书为生。阳虎深知孔子是鲁国的大才，有学识，又有声望，要成就事业，就必须请孔子出山，辅佐自己。为了达到这个目的，阳虎可谓做足了功课。

有一天，阳虎派人给孔子送去了一只烤猪。这在当时，是以“礼”相待。他深知，孔子尚“礼”，一定会遵循礼尚往来的习俗，给自己回礼。如果孔子拿着礼物来拜会自己，那么就可以趁机网罗孔子为自己效力了。孔子早就看透了他的企图，但也陷入了两难的境地：不回礼，有悖礼俗；回礼，有悖自己的道德。不得不说，阳虎这招以子之矛攻子之盾的手段，真是相当高明。孔子无奈，只得与他周旋。孔子先派自己的弟子打听阳虎的行踪，趁着阳虎不在家，孔子忙去还礼。这既合乎礼，又能让自己避免与阳虎见面，可谓两全其美。但就在孔子觉得自己妙计可施之际，阳虎迎面而来。孔子当时的窘迫可想而知了。

阳虎率先发难，说，孔子啊，你明明有治国的才能，却不肯为国家效力，听任我们的国家陷入离乱当中，这能叫“仁”吗？孔子回答说，不能。阳虎又说，我知道，你是想要做出一番事业的，但是时机来了，你却坐失良机，这能叫“智”吗？孔子回答，不能。阳虎感叹，孔子啊，岁月如流，时不我待啊！孔子只好表态，你说的对，我同意出来做事。

看这一问一答间，孔子已经有点招架不住了。阳虎的话简直是入情入理，让人无力反驳。所以，经过这样的事情，孔子明白，“不善”这种东西，并不一定是以穷凶极恶的面目出现，它可以有很多种方式，比如以理性的方式，以感人的方式，以礼节的方式。一旦人的内心不够坚定，那么就会被种种假象所蒙蔽，一旦自己的内心对善恶有哪怕丝毫的模糊，就有可能作出丧失自我的判断。豪杰者如孔子，还不是被阳虎逼迫得无路可退，只能唯唯诺诺吗？后来，幸好阳虎很快倒台，逃亡国外，不然孔子的生命轨迹就可能真的要被改写了。

孔子像 [明] 仇英

孔子明白人性是有弱点的，正如孔子所言："吾未见好德如好色者也。"坚守德行，全凭内心的坚定。而色，则可以是很多种诱惑。不善，也是如此。所以，孔子告诉后人"见善如不及，见不善如探汤"，便是针对人性的弱点而发。面对善与不善，不能含糊，不能找借口，不能给自己设置道德缓冲，要像把手伸进沸水时瞬间的条件反射，果断地拒绝，不然就很容易沦为不善的帮凶。孔子的另外一个故事，也印证了这一点。

这个故事发生在孔子的晚年，当时鲁国的国政由季康子把持，而孔子的弟子冉有和季路是季康子的家臣。有一天，孔子听说季康子要出兵侵略颛臾，很是气愤，就把两个弟子找过来询问。

孔子说，冉有啊，我恐怕得责备你啊，你怎么能帮着季氏侵略颛臾呢？冉有说，老师，不是这样的，我们并不想出兵啊，是季康子他要这么做，那我们也没有办法呀！听到冉有的狡辩，孔子更加气愤，孔子说，冉有啊，周任有句话说，能施展才能就担任那职位，不能这样做则不担任那职务。盲人遇到危险却不去护持，将要跌倒却不去搀扶，那何必要用那个做相的人呢？况且你的话错了，老虎和犀牛从笼子里跑出，龟甲和玉器在匣子里被毁坏，这是谁的过错呢？冉有见老师生气，又找借口说，老师啊，事情不是你想的那么简单啊，你看颛臾挨着我们的费城，要是他强大了，那对我们就是很大的威胁，那还不如先下手啊！

孔子听他这么说，就明白了。其实，冉有和季路不仅没有劝阻季康子，在这件事情上，他们根本就没有分辨善与不善。他们看待问题完全是从现实利益出发，而不是道义。于是，孔子更加严厉地教训了两个人。

面对不善的时候，人是可以找出好多借口来掩饰、去搪塞的。一旦给自己找借口，最终的结局一定是人性堕落，为虎作伥。据此我们可以理解孔府的习俗，每天有人抱薪烧水，面对沸水，孔氏子孙们面对的就是那个不能含糊对待的“不善”，沸水滚动，热浪逼人，就是提醒着后人面对“不善”到底应该采取什么样的态度。家风如此，孔府中人，千载如一日耳濡目染，当然懂得圣人对人性的关切和对后世的期待。而有家风如此，后世优秀的孔门子弟，也能做到“见善如不及，见不善如探汤”了。

三、不义而富且贵，于我如浮云

孔子的学生中，很多人才华出众，在政治、经济、文化、思想方面成绩斐然。但是，孔子夸赞最多的，是颜回。颜回这个人，为人谦逊好学，但不幸早逝。孔子曾经对鲁国的国君说，颜回死后，就再也没有见过那么好学的人了。可见孔子对颜回的喜爱。而孔子和颜回之间，还有另外一个故事，能让后人更深刻地理解孔子的为人。

这件事发生在颜回去世之后，颜回的父亲颜路也是孔子的学生，他去找孔子，说，老师，您能不能把您的车卖掉，给颜回置办一个椁。椁，是棺材的外壳，按照古代丧葬的礼仪，比较隆重的葬礼都是棺椁齐备。颜回家境贫困，而他的父亲希望能厚葬颜回，但是只能负担得起棺，却无钱买椁，于是，颜路向孔子请求援助。面对颜路这样的要求，孔子拒绝了。孔子解释说，自己是大夫，按礼，出门是要乘车的，如果无车，就不符合礼了。这时孔子透露一个细节，孔鲤死时，也是有棺无椁的。孔鲤是孔子的独子，他在孔子生前就过世了，而且与颜回是同一年。通过这个细节，后人可以知道，孔子的经济条件是非常拮据的，他甚至无力为独生子和最喜欢的学生备齐棺椁。那年，孔子年近七十。所以，基本上可以肯定，孔子一生的财富积累，定是十分微薄的。

孔子的一生，教过书，当过鲁国的司寇（这是一个非常高的官职，而且居官三年有余），他周游列国，曾经接受卫与齐的国君的礼物，又有那么多人慕名远来向他请教问题，这样的声名地位，并没有给他带来良好的经济条件，究其原因，只有一条“不义而富且贵，于我如浮云”。这是孔子实践一生的财富观念，在面对富贵与“义”时，孔子无疑坚定地选择“义”。注意，这里孔子不是不能富贵，而是愿意取“义”而放弃富贵。比如，孔子在周游列国时，就遇到了这样的情况。

孔子在鲁国的政治改革失败，气愤之下，他带着弟子离开了鲁国，第一站就来到了卫国。当时的卫国主政者是卫灵公，他对孔子很是欣赏，并且准备重用孔子。据传，他给孔子准备了一个六万石俸禄的职位。孔子在鲁国做司寇时俸禄就是六万石，所以，可以推想，卫灵公这是要把整个国家交给孔子来治理了。可想而知，刚刚遭遇政治挫折的孔子，面对这样的机会该是多么的兴奋。但是，事情的发展并不如孔子所预计。孔子向卫灵公推行自己的仁政理想，但卫灵公似乎并不感兴趣，“卫灵公问陈于孔子”。“陈”即“阵”，就是军事问题。孔子会不会打仗呢？答案当然是肯定的，因为在鲁国时，孔子曾亲自部署，平定了公山不狃的叛乱。卫灵公把孔子当座上宾，就是希望孔子在军事方面能够对他有所帮助。不料，孔子一听说行兵打仗之类的字词就不高兴了，他毫不客气地说，祭祀、礼仪方面的事情我还听说过，打仗的事情我却从来没学过！两人最终不欢而散，此后，孔子带领着弟子离开了卫国，继续艰苦的旅程。

这件事情表明，孔子认为，一个国家的强弱兴衰取决于是否实行仁政，而以对外侵略为国家理想的治国思路，与孔子是完全相左的，是不善、不义的。那么，以行不义之事换取的富贵，孔子宁可不要。孔子为子孙界定了这样一种“义”与富贵之间的关系，这后来也就成了一代代孔门子弟遵循的家风，不取不义之财。宋代之后，历朝历代统治者都对孔子的家族礼遇有加。宋以及之后的近千年间，孔子的直系子孙都被晋封为“衍圣公”，享受国家的俸禄，可谓有权有势。当然，权利的获得，很可能带来的就是私欲的膨胀，那么这时，孔子的子孙们还能如先祖孔子一般，严守“义”与富贵的训诫吗？孔子以亲身的实践形成的家风，还有其实际效果吗？

可以重新回到孔府，孔府千门万景，而在孔府的诸多景致中，最显眼的，要数内宅门上的壁画。这幅图上画着一个动物，它状似麒麟，细数之下，它比麒麟多一角。此动物传为天界神兽，虽生得高贵，但生性贪婪，世间的荣华它都享受了，但是仍不满足，最终向着太阳张开大嘴，妄图独享。但是它迈向太阳的时候，就被淹死在重重波涛当中。孔府当中为什么要绘制这样一幅壁画呢？传说，每一代衍圣公要出门办公，必定经过此门。路过此地时，随从都要高喊一声："公爷过了！"过什么？就是过贪念。此壁画寓意显而易见，就是告诫子孙切莫大胆妄为而有悖祖德，不管身居什么样的位置，一定不能取不义之财。每每通过此地，孔子那句"不义而富且贵，于我如浮云"，加之孔子一生的际遇以及对于良知的坚守，必然涌上子孙的心头。家风流传至此，真是润物无声。

明崇祯十三年（1640），经过宦官乱政的明王朝，已经是千疮百孔，道德严重滑坡，国家内忧外患。为了应付关外的清军以及李自成农民军，此时的明朝各种捐税可谓多如牛毛。就在这时，山东又爆发了大饥荒，一时间饿殍遍野，瘟疫流行，本就困顿的民生更加艰难。孔子的第六十五代孙孔胤植有感于人民的苦痛，在朝堂上为民请命，奏请减税，更难能可贵的是，他自筹善款，赈济灾民。经过他的努力，三千多饥民死里逃生，举国都感佩他的义举。这就是在孔子家风影响下，孔门子弟们对于财富的观

孔子授徒　冯远

念，不仅要取之有道，还要用之有道。在这样“义”与财富的界定之下，纵观孔门子弟千年的流传，大多数都能为官清廉，爱民如子，放下贪念，不取不义之财。

孔子是我国最重要的思想家，他的言行几乎是后世的参照，对其家人的影响肯定更为全面深刻。但是，综合来看，孔门家风中，上述三个方面是非常重要的。到了明代嘉靖年间，孔门子弟已经历经两千多年的传承，孔子的第六十三代孙孔尚贤就结合孔子的言行以及孔门子弟这么多年形成的道德风尚，总结了一篇家训，命名为《孔氏祖训箴规》。

《孔氏祖训箴规》共有十条，摘录如下：

一、春秋祭祀，各随土宜。必丰必洁，必诚必敬，此报本追远之道，子孙所当知者。

二、谱牒之设，正所以联同支而亲一本，各宜父慈子孝，兄友弟恭，雍睦一堂，方不愧为圣裔。

三、崇儒重道，好礼尚德，孔氏素为佩服，为子孙者，勿嗜利忘义，出入衙门，有亏先德。

四、孔氏子孙，徙寓各州县，朝廷追念圣裔，优免差徭。其正供国课，只凭族长催征，皇恩深为浩大。宜各踊跃输将，照限定纳，勿误有司奏销之期。

五、谱牒家规，正所以别外孔而亲一本，子孙勿得互相誊换，以混来历宗枝。

六、婚姻嫁娶，理伦首重。子孙间有不幸，再婚再嫁，必慎必戒。

七、子孙出仕者，凡遇民间词讼，所犯自有虚实，务从理断，而哀矜勿喜，庶不愧为良吏。

八、圣裔设立族长，给与衣顶，原以总理圣谱，约束族人，务要克己奉公，庶足以为族望。

九、孔氏嗣孙，男不得为奴，女不得为婢。凡有职官员，不可擅辱，如遇大事，申奏朝廷，小事仍请本家族长责究。

十、祖训家规，朝夕教训子孙，务要读书明理，显亲扬名，勿得入于流俗，甘为下人。

仔细分辨其中条目，除了一些生活中的具体规范之外，如尊长、课税、婚嫁等，主要讲的就是崇文重礼、从善守道、尊义忘利三个方面，这些都是孔子给家人留下的总纲性的规范。这样的家风保障了这个家族的基本特色，使家族成员在文教、道德、礼仪方面有很好的修养，能够区分善恶。孔门子弟多处于社会的上层，一旦有了权位，多数可以做到洁身自好，不取不义之财，能够义字当前，会把百姓、把社会理想放在更高更重要的位置上。在这样的家风引导之下，孔子一门人才辈出，在不同的时代，尤其是在社会罹乱之时，都能保持人性的善良与正义。

（执笔：肖　磊）

第三日

孟子：身承母教，浩然传家

对于孟子的地位，宋代大儒程颐、朱熹都认为，自孟子之后，中国就再也没有可以继承儒家学说的代表人物了。也因此才有尧传舜、舜传禹、禹传汤、汤传周公、周公传孔、孔传孟的说法。

孟子，名轲，字子舆，是战国时期伟大的思想家、教育家，是儒家“道统”体系中地位仅次于“大成至圣”孔子的一代大贤，被后人尊为“亚圣”。《孟子》一书是孟子的言论汇编，由孟子及其弟子共同编写而成，记录了孟子的政治观点（如仁政、王霸之辩、民本、格君心之非、民贵君轻等）以及孟子的政治行动，是儒家经典著作，也是我国古代极富特色的散文专集。孟子的文章文气充沛、感情洋溢、逻辑严密；既滔滔雄辩，又从容不迫，善于用形象化的故事与语言说明深刻的哲学道理。在百家争鸣的战国时代，孟子力辟杨墨、推阐心性，为儒学的更化与中兴立下汗马功劳。除却周游列国的政治实践和激辩著书的文化功业，孟子的家庭生活和治家故事也广为流传，体现了丰厚的修身齐家思想。根据现有的资料来看，孟子的家庭生活和治家故事是以“母教”“齐家”“传家”三个维度为核心展开的。这三个方面的家庭生活既能完整地描绘孟子的人格形象，又蕴含着珍贵的生活智慧，值得我们去细细品味和传承。

一、幼子承母教

中国两千多年的传统社会一直是一个以男性为主导的男权社会，史书几乎没有留给女性多少机会去彰显自己的存在，史家对女性也往往惜墨如金。然而，在传统社会，中国的女性从来没有缺位，总会通过各种方式向历史和时代发出自己的声音。孟母便是其中的一位。在传统的男权社会中，与男性主导地位相对应的是“养不教，父之过”的教育传统和社会心理，父亲在家庭教育中的地位最为关键，承担着教育子女的主要责任。由于孟子早年丧父，抚养教育的重任便落在了孟母肩上。也就是说，孟子的父亲在家庭教育中是缺位的，是孟母承担起了教育孟子的责任。正是凭借独特的教育理念和高超的教子智慧，孟母将自己的儿子培养成了儒学“亚圣”。

民间流传的孟母教子故事主要有“孟母三迁”“东家杀豚”“孟母断织”“孟子去妻”和“孟母处齐”五种，这些故事散见于西汉韩婴的《韩诗外传》和刘向的《列女传》等典籍中，其中，《韩诗外传》记载了“东家杀豚”“孟子去妻”和“孟母处齐”三事，《列女传》记载了“孟母三迁”“孟母断织”“孟子去妻”和“孟母处齐”四事。在这五个故事之中，“孟母三迁”和“孟母断织”是奠定孟子一生为人、治学基业的事件，也是最为世人熟知和津津乐道的事迹。

1. 孟母三迁

邹孟轲之母也。号孟母。其舍近墓。孟子之少也，嬉游为墓间之事，踊跃筑埋。孟母曰：“此非吾所以居处子也。”乃去舍市傍。其嬉戏为贾人衒卖之事。孟母又曰：“此非吾所以居处子也。”复徙舍学宫之傍。其嬉游乃设俎豆揖让进退。孟母曰：“真可以居吾子矣。”遂居之。及孟子长，学六艺，卒成大儒之名。

这是西汉刘向在《列女传》中记载的“孟母三迁”故事。游戏模仿或许是孩子的天性，即便孟子贵为“亚圣”，在其孩提时代也难以“免俗”。但是，年幼的孟子展现出来的惊人的模仿天赋却让孟母颇为头疼。住在墓地旁边，孟子便每日嬉戏游闹于模仿殡葬丧仪之事，孟母认为不妥，便举家迁至集市旁。孟子的模仿能力再次让母亲大伤脑筋，远离了殡葬丧仪的孟子又染上了商贾习气，于是孟母再次带着孟子搬家，这次孟母把家搬到了学校旁边。褪去商贾习气之后，孟

孟母三迁　松茂

子便专注于“设俎豆揖让进退”，即儒家所谓的“礼”，这让孟母大为欣慰，孟子也终于走上了“正途”。这便是“孟母三迁”的全部过程。

环境在教育过程中的重要作用已经得到了现代教育学的高度认可，儒学的缔造者孔子在两千多年前也曾说过：“里仁为美，择不处仁，焉得知?”（《论语·里仁》）强调的正是居住环境对人的影响。孟母可能没有读过那么多的高头讲章，但在现实生活以及孟子的表现之中，她却逐渐认识到环境对人的影响作用，并通过“三迁”，改变了孟子的成长轨迹与兴趣爱好，最终找到了“学宫”这一有利于孟子的德行养成的环境。

当然，仅仅只是“三迁”还不足以使孟母成为千古母教的楷模，真正彰显孟母智慧的是隐藏在“三迁”背后的深刻内涵。钱新祖先生说：“在人为的世界里（包括自然科学在内）任何东西，都涉及价值判断，没有价值判断，就不可能有人为的世界。”（《中国思想史讲义》）孟母“三迁”的行为背后也包含着孟母自己的价值判断，孟母认为“设俎豆揖让进退”优于“贾人衒卖之事”和“墓间之事”，更有利于孟子的成长。所谓“设俎豆揖让进退”就是儒家主张的礼乐文明，就是孔子一生为之奋斗的“克己复礼”之“礼”。正如孔子当年为“克己复礼”奔走一生，而与那个礼坏乐崩的时代潮流格格不入一样，孟母为孟子选择的以“礼乐”为核心的人文环境同样与时代格格不入。相较于孔子所处的时代，孟母所处的战国中期礼乐崩坏更甚，可谓有过之而无不及。那么，孟母对礼乐文明的这种信心又从何而来呢？许多人认为，这也和孟母所处的家庭环境和文化环境有关。

东汉赵岐在《孟子题注》中说：“或曰，孟子鲁公族之后。”这里的“鲁公族之后”是指鲁国公族“三桓”之一的孟孙氏的后代。所谓“三桓”，是指春秋时期鲁国卿大夫孟孙氏（亦称仲氏）、叔孙氏、季孙氏三家，因为三家俱为鲁桓公之后，故称“三桓”。鲁国公室自宣公起，日益衰弱，国政被操纵在以季氏为首的“三桓”手中。“三桓之乱”便是礼坏乐崩、上下失序的典型事件，孔子秉政鲁国期间，即曾试图通过“堕三都”来打击“三桓”势力，但最后却因为“三桓”的势力强大而以失败告终。赵岐的这段记载表明，和孔子一样，孟子也是贵族后裔。这样来看，就不难理解为什么孟母会如此重视对孟子的礼乐教育了——孟子现在所学习的“设俎豆揖让进退”就曾经是他们先祖生活的日常行为规范。这或许是孟母企图在孟子身上延续家族记忆的一种方式。

除却家庭环境，孟母这种对礼乐教育的重视也受到了文化环境的影响。《史记》载：“孟轲，邹人也。”唐司马贞《史记索隐》认为“邹”乃“鲁地名”，据学者考证，此邹国当为鲁之附属国，离曲阜很近。曲阜作为孔子故里自然是崇礼尚乐。或许孔圣先师醉心礼乐的传说也在邹地流传，或许孔圣追求的郁郁斯文也让邹人痴狂，至少曲阜的圣人遗风深得身在邹地的孟母之心，以致“三迁”之后孟母会以“设俎豆揖让进退”为善，甚至孟子本人也曾说道，“近圣人之居若此其甚也”（《孟子·尽心下》），可见，圣人遗风，可泽及众民。

事实证明，“孟母三迁”的教子实践是颇有成效的。成为儒门一代大哲之后的孟子也十分重视环境在教育中的作用。在向戴不胜讲述臣子如何劝谏君王向善时，孟子便举例说，一个人如果想要学齐国的话最好让一个齐国人去教，而不是一个楚国人，并进一步引申说，如果君主周围都是像薛居州那样的好人，君主也就会像薛居州那样的好人去做好事，这便是向善。

孟子的这两处论述都是在强调环境的重要性，除了人的因素，在孟子看来，生活环境和生存环境都可以对人产生巨大的塑造作用，在这一点上，孟子已经超越了孟母单纯重视生活环境的局限性，对环境与教育的关系进行了新的独立思考。《孟子》中还记载：

孟子自范之齐，望见齐王之子，喟然叹曰："居移气，养移体，大哉居乎！夫非尽人之子与？"孟子曰："王子宫室、车马、衣服多与人同，而王子若彼者，其居使之然也；况居天下之广居者乎？鲁君之宋，呼于垤泽之门。守者曰：'此非吾君也，何其声之似我君也？'此无他，居相似也。"（《孟子·尽心上》）

孟子看见齐王的儿子便感叹环境可以改变人的气质，认为王子的住所、车马、衣服等都与众人同却能表现出异于常人的气质，关键原因在于王子的生活环境。"居移气，养移体，大哉居乎""居相似也"等语句表明孟子肯定了环境对人的塑造作用，而这一切都来自当初孟母对他苦心孤诣的"三迁"教育。孟母用实际行动告诉孟子环境对于人的重要性，也为后世万千慈母树立了苦心教子的典范。

2. 孟母断织

孟子之少也，既学而归，孟母方绩，问曰："学何所至矣？"孟子曰："自若也。"孟母以刀断其织。孟子惧而问其故，孟母曰："子之废学，若吾断斯织也。夫君子学以立名，问则广知，是以居则安宁，动则远害。今而废之，是不免于厮役，而无以离于祸患也。何以异于织绩而食，中道废而不为，宁能衣其夫子，而长不乏粮食哉！女则废其所食，男则堕于修德，不为窃盗，则为虏役矣。"孟子惧，旦夕勤学不息，师事子思，遂成天下之名儒。

这是《列女传》对“孟母断织”的记载。整个“断织”的故事是围绕“学”这一核心展开的。孟子放学回家后，孟母询问他的学习情况，孟子以“和以前一样”应之，这种漫不经心的回答让孟母大为不满，一怒之下用刀割断纺好的布匹，并以织喻学向孟子痛陈废学之害，如“不免于厮役，而无以离于祸患”“堕于修德，不为窃盗，则为虏役”，这些让孟子大为惊惧，从而发奋求学，“遂成天下之名儒”。

其实，“孟母断织”是一个具有很强代入感的故事。我们每个人在求学阶段都有过被父母询问学习情况的经历，我们或战战兢兢，或志得意满地应对父母。孟子也一样，面对母亲的询问，孟子谨慎地给出了“自若也”的答案。这其实是一个很讨巧的答案，“自若也”三个字表明我在学习上可能没有太大的进步，但至少也没有退步。一般的家长可能也会接受这样的答案，可孟母的伟大就在于她能够从孟子的言谈举止中直窥问题的本质所在。孟子简单的“自若也”三个字让孟母意识到孟子在学习态度上存在着很大的问题，面临着“废学”的危险。不同于一些家长以实际的学习效果为出发点批评孩子的学业，孟母跳过了学习效果而直面孟子的学习态度，在她看来，端正的学习态度才是更重要的。

孟母断织

在发现孟子学习态度上的问题后，孟母没有依靠简单的说教规劝，而是“以刀断其织”，并以织喻学、苦口婆心地规劝孟子。在孟母所处的战国时代，男耕女织的小农经济已经基本成型，在这种自给自足的经济模式之下，正所谓“一夫不耕或受之饥，一妇不织或受之寒”，女性的纺织成果也是十分重要的家庭财富，对于早年丧夫的孟母来说，“织业”可能是她的谋生手段和抚养孟子的依靠。孟子对这一点自然是很清楚的，所以，“孟母断织”的举动对孟子来说具有极强的震慑力，其教育效果自然远非单纯的说教可及。只有“断织”的举动发挥了它的震慑力，孟母在“断织”之后适时进行说教才会真正触动孟子。

孟母之所以伟大还在于她对学习的认识超越了一般人，形成了自己关于学习的“理论”。透过《列女传》“孟母断织”的文字，我们发现，孟母在教育孟子的时候，并没有单纯地就学习论学习，而是把学习和道德联系在一起。正所谓“女则废其所食，男则堕于修德”，孟母直接将学习等同于“修德”，修学即是修德，“废学”也就变成了“堕于修德”，这表明孟母对学习的认识并不是功利的，而是赋予学习以伦理和道德内涵。在儒家的传统中，孟母的这种认知也能找到理论渊源，孔子也有将“学”与“德”相等同之意。孔子说：“君子不重则不威，学则不固。主忠信，无友不如己者。过则勿惮改。”（《论语·学而》）在这里，孔子通过“不重”推导出了“学则不固”这样一个结论。我们先不去讨论孔子这个推理在逻辑上是否严谨，仅就形式而言，“不重”属于道德修养层面，“学则不固”则属于治学层面，孔子通过“君子不重则不威，学则不固”为“道德”和“治学”之间建立了一种正相关的关系，即“重”则“固”，“不重”则“不固”。《论语》中有这样的表述：“贤贤易色；事父母，能竭其力；事君，能致其身；与朋友交，言而有信。虽曰未学，吾必谓之学矣。”（《论语·学而》）意思是，不贪美色容貌而重贤德，竭力侍奉父母，舍身侍奉君主，与朋友相处，以信相待，这便是“学”。正如我们之前已经分析过的那样，孟母居于邹地，靠近曲阜，颇受圣人遗风熏染，日日浸淫于郁郁斯文，难免受其影响。

再看“孟母断织”的实际效果。《列女传》的说法是：“孟子惧，旦夕勤学不息，师事子思，遂成天下之名儒。”此事之后，孟子发愤图强，终成一代名儒，孟母的教育效果当然达到了。事实上，“孟母断织”这件事的教育意义不止于此。通过“断织”言传身教式的教育方式，孟母改变了孟子的学习态度，使孟子终身保持着对学习的热情。《孟子》中多次谈及学习，如“君子深造之以道，欲其自得之也。自得之，则居之安；居之安，则资之深；资之深，则取之左右逢其原，故君子欲其自得之也”（《孟子・离娄下》），要求学者在求学过程中自觉地掌握正确的方法；“学问之道无他，求其放心而已矣”（《孟子・告子上》），认为做学问的目的就在于追去内心的良善；“尽信《书》，则不如无《书》”（《孟子・尽心下》），强调了读书学习过程中的批判精神。这些孟子对学习的方法论，以及在治学过程中的批判思维，或许都是源自孟母挥刀断织的魄力！正如杨海文先生所说，孟母断织使“孟子切合了孟母的目标期待，并与母亲一样成为故事的主角，母子关系在互为主体性中得到中国古典教育学意义上的最高升华”（《我善养吾浩然之气——孟子的世界》）。

二、圣者先齐家

“大学之道，在明明德，在亲民，在止于至善。”这是儒家经典《大学》的开篇，作者一开始就希望读者能够树立正确的修身与治学态度，作者紧接着给出了达到这个境界的方法："古之欲明明德于天下者，先治其国；欲治其国者，先齐其家；欲齐其家者，先修其身；欲修其身者，先正其心；欲正其心者，先诚其意；欲诚其意者，先致其知。致知在格物，物格而后知至，知至而后意诚，意诚而后心正，心正而后身修，身修而后家齐，家齐而后国治，国治而后天下平。"自《大学》开始，"修身、齐家、治国、平天下"便成了中国知识分子的共同追求，孟子也是如此，考察孟子的家风，我们不能忽略孟子在"齐家"方面的思想和努力。

孟子既娶，将入私室，其妇袒而在内，孟子不悦，遂去不入。妇辞孟母而求去，曰："妾闻夫妇之道，私室不与焉。今者妾窃堕在室，而夫子见妾，勃然不悦，是客妾也。妇人之义，盖不客宿。请归父母。"于是孟母召孟子而谓之曰："夫礼，将入门，问孰存，所以致敬也。将上堂，声必扬，所以戒人也。将入户，视必下，恐见人过也。今子不察于礼，而责礼于人，不亦远乎！"孟子谢，遂留其妇。

这是《列女传》关于"孟子去妻"事件的记载。大概按照古代的礼仪，对妇女行为的限制颇多，"袒而在内"是不被允许的。因此，当孟子发现自己的妻子有如此行为的时候，大为恼火，意欲休妻。在现代，这样的规定固然可以看做对"女权"的践踏，孟子固然没有意识到自己在这件事情上的狭隘与偏激，从另一个角度来理解，孟子是在用礼法道德去经营自己的家庭。什么是"礼"？如朱熹所说："礼者，天理之节文，人事之仪则也。"（《四书章句集注》）循礼而行，方不使天理失常、人事失序。孟子以礼法道德规束自己的妻子，其本意也是想要使自己的家庭生活时刻处于正轨，正所谓“礼之用，和为贵”（《论语·学而》），这是孟子所熟知的道理。通过这件事情我们可以看出孟子在“齐家”方面的努力。

但毫无疑问，孟子在“去妻”这件事上所坚持的礼法道德是违背人道主义精神的，而且孟子在处理这件事情时也显得过于狭隘和偏激。而故事中的另一主角孟母则一针见血地指出在整件事情中失礼的不是孟妻而是孟子本人，厉声斥责孟子：“今子不察于礼，而责礼于人，不亦远乎！”孟母认为孟子失礼在先，反而以“礼”苛求，十分过分。以孟子在《孟子》中表现出来的异于常人的辩才，想要反驳孟母可以说易如反掌。但是孟子并没有这么做，反而是在道歉之后“遂留其妇”，这恰恰表现了孟子高超的治家智慧。孟母所说的种种礼法，孟子岂能不知！“去妻”又何尝是他的真实意图！他怒而“去妻”，不过是想对妻子稍加警示，以此建立一个合于他自认为合理之“礼”的家庭。他听母留妻，以此增进母亲与妻子之间的情谊，留下了“君子谓孟母知礼，而明于姑母之道”的美谈；他不与母争，便是在家中立下了“孝”的规矩。

关于“孝”，孟子不仅身体力行，而且在《孟子》中多有论述。孟子曾言：“不得乎亲，不可以为人；不顺乎亲，不可以为子。”“人人亲其亲、长其长，而天下平。”“事，孰为大？事亲为大；……事亲，事之本也。”（《孟子·离娄上》）寥寥数语，就将“孝顺事亲”上升到为人为子的根本问题。不仅如此，孟子对世间不孝之事大加申斥，所谓：“不孝有三，无后为大。”“世俗所谓不孝者五：惰其四支，不顾父母之养，一不孝也；博弈好饮酒，不顾父母之养，二不孝也；好货财，私妻子，不顾父母之养，三不孝也；从耳目之欲，以为父母戮，四不孝也；好勇斗狠，以危父母，五不孝也。”（《孟子·离娄下》）对精神和物质两方面的不孝之举加以谴责。

儒家讲求的“孝道”也并非始于孟子。早在上古时代，作为儒家理想中的圣王形象的舜就因“孝”而扬名天下。儒家缔造者孔子更是不遗余力地提倡“孝”，《论语》记载：“孟懿子问孝。子曰：‘无违’。樊迟御，子告之曰：‘孟孙问孝于我，我对曰，无违。’樊迟曰：‘何谓也？’子曰：‘生，事之以礼；死，葬之以礼，祭之以礼。’”（《论语·为政》）在这里，孔子将“孝”定义为生事死葬的礼仪。“子游问孝。子曰：‘今之孝者，是谓能养，至于犬马，皆能有养，不敬，何以别乎？’”（《论语·为政》）孔子反对将“孝”仅仅视作“养父母”，认为如果没有内心的诚敬，这和“养犬马”无异。在这两处论述中，孔子对“孝”的定义不仅着眼于子女对父母物质上的供养，而且注重子女对父母精神上的关切，孟子“世俗所谓不孝者五”的观点与孔子是一致的。

三、浩然传家风

《左传》中记载叔孙豹之言：“太上有立德，其次有立功，其次有立言。虽久不废，此之谓不朽。”（《左传·襄公二十四年》）叔孙豹所说的“三不朽”实质上想以“立德、立功、立言”这三种方式追求在历史记忆中的长存。每个人都不希望自己的生命随着肉体的死亡而灰飞烟灭，而是渴望在历史的记忆中得到延续，不论这种历史记忆是属于社会还是家庭。孟子不仅有“修齐治平”的抱负和实践，而且一直努力在社会和家庭的历史记忆中延续自己的抱负和实践。在社会历史记忆中的延续便是他周游列国、游说诸君的半世奔波以及“退与万章之徒序《诗》《书》，述仲尼之

意，作《孟子》七篇”的一生宏业；家风的传承则是他的个体生命在家庭历史记忆中的延续，而他所传下来的正是他一生最为自信并为之坚守一生的“浩然之气”！

在一次与弟子公孙丑交谈的过程中，公孙丑问孟子：“敢问夫子恶乎长？”孟子不假思索地回答：“我知言，我善养吾浩然之气。”这估计是孟子第一次对他的学生提起“浩然之气”，因此公孙丑对这个概念显得并不是很理解，便继续问道：“敢问何谓浩然之气？”孟子也饶有兴致地解释道：“其为气也，至大至刚，以直养而无害，则塞于天地之间。其为气也，配义与道；无是，馁也。是集义所生者，非义袭而取之也。行有不慊于心，则馁矣。我故曰：告子未尝知义，以其外之也。必有事焉而勿正，心勿忘，勿助长也。”（《孟子·公孙丑上》）孟子告诉公孙丑，“浩然之气”是一种难以言说的东西，它至大至刚，充斥于天地之间，与道义相配合，人们不可以忘记它，却又不可心急而助长，否则徒劳无益而害之。朱熹将“浩然之气”视作“天地之正气”（《四书章句集注》），将“浩然之气”释为“浩然正气”，可谓深得孟子之义。

在孟子的世界里，“浩然之气”不光要去“养”，而且要对其有所传承。公孙丑问孟子：“君子之不教子，何也?”孟子回答说：“势不行也。教者必以正。以正不行，继之以怒。继之以怒，则反夷矣。‘夫子教我以正，夫子未出于正也。’则是父子相夷也。父子相夷，则恶矣。古者易子而教之，父子之间不责善。责善则离，离则不祥莫大焉。”（《孟子·离娄上》）孟子认为，古时君子之所以“不教子”就是为了避免出现父亲和儿子相互之间互相求全责备（即责善）。在这里，孟子提出“教者必以正”的命题，所谓“正”不仅指“正道”“正理”，而且指孟子所谓的“浩然之气”。“教者必以正”，不光要使受教者行正道、识正理，而且要使受教者养正气！孟子曾不止一次劝诫自己学生和晚辈“居天下之广居，立天下之正位，行天下之大道；得志，与民由之；不得志，独行其道。富贵不能淫，贫贱不能移，威武不能屈，此之谓大丈夫”（《孟子·滕文公下》）。若无心中那一股“浩然之气”，做到如此这般又谈何容易！

正是凭借这一股“浩然之气”，孟子才能奔走数年而不改其志；正是凭借这一股“浩然之气”，孟子才能一生追慕孔子而不改其心；正是凭借这一股“浩然之气”，孟子才能力拒杨墨而不改其节；也正是凭借这一股“浩然之气”，孟子的个体生命在社会和家庭的双重历史记忆中得到了延续，以“亚圣”之尊享祭千古！

母教、齐家、传家——既是孟子家风三个重要方面，也体现了孟子一生家庭生活的三个阶段。未及弱冠之年的孟子早年丧父，寡母独自承担起抚养教育孟子的重任，因此“母教”体现了孟子家庭生活的第一阶段；娶妻之后的孟子成家立业，开始独立承担家庭生活的重任，因此“齐家”体现了孟子家庭生活的第二阶段；喜为人父的孟子以“浩然之气”教子，将

孟子性善图

自己的生命记忆在后辈身上延续，因此“传家”体现了孟子家庭生活的第三个阶段。孟子这三个阶段的家庭生活也是每一个家庭生活的缩影，孟子在每个阶段都以其独特的智慧经营着自己的生活．我们重温孟子的生活智慧和家风传承，无意将其奉为圭臬，而是期望可以在古圣先贤的生活智慧中汲取一二，以使我们每个人的生活虽不脱平凡，却可以不入平庸。

（执笔：王玉彬）

第四日

诸葛亮：志存高远，忠诚爱国

在民间传说中，诸葛亮是一个传奇人物，《三国演义》中的诸葛亮足智多谋、运筹帷幄、忠心事主、呼风唤雨，俨然天神下凡。著名历史学家钱穆先生有言，有一诸葛，已使三国照耀后世，一如两汉。

诸葛亮，字孔明，号卧龙，徐州琅琊郡阳都县（今山东临沂市沂南县）人，三国时期蜀汉丞相，死后追谥忠武侯。诸葛亮有《出师表》《诫子书》等经典传世散文，传说他曾改造连弩（诸葛连弩），并发明木牛流马、孔明灯等，大大提高蜀汉军队的作战效率。但除了我们所熟知的军事和政治才能，诸葛亮还是一位治家有方的慈父严师。我们知道，儒家传统给士人设计了一条“修身、齐家、治国、平天下”的进阶式人生道路，受儒家思想影响的诸葛亮也是朝着这种理想而不断努力的。实际上，除了没有实现“平天下”这一理想，诸葛亮在“修身、齐家、治国”三方面都堪称典范。他留下的《诫子书》和《诫外甥书》虽只有寥寥数语，却被奉为千古家训名篇。在诸葛亮的一生中，“学、志、节、忠、俭”这五方面道德品质熠熠生辉，是大智大勇的家教家风。

一、学：学需静也，才需学也

“夫学需静也，才需学也”是诸葛亮在《诫子书》中对自己儿子（诸葛瞻或诸葛乔）的谆谆教诲。在这篇《诫子书》中，诸葛亮反复强调“学”的重要性，苦口婆心地劝诫儿子“非学无以广才，非志无以成学”；在另一篇训诫晚辈的《诫外甥书》中，诸葛亮劝诫自己的外甥要“广咨问，除嫌吝”，这也是在告诫外甥要好学、勤学。诸葛亮之所以对“学”极端重视，不仅自己身体力行，还对后辈谆谆教诲，其原因是多方面的。

首先是家庭因素。东汉末年正值宦官秉政、内忧外患的动荡时期，正所谓“风雨如晦，鸡鸣不已”，黑暗混乱的政局和民不聊生的乱象刺激士大夫集团开展了反对宦官的斗争。无奈斗争的失败使得士大夫集团被诬为“党人”，遭受“党锢之祸”。在士大夫反对宦官的斗争中，诸葛亮的父亲诸葛珪和叔父诸葛玄作为当世名流在政治上同情“党人”，在生活中与“党人”领袖刘表等人来往密切。由于诸葛亮出身的家庭与当时士大夫阶层有着良好的互动，诸葛亮有机会接触到那个时代最杰出的知识精英，这样的家庭环境为他日后的学习和成才创造了得天独厚的条件。

诸葛氏作为当时的齐鲁望族，有着悠久的家学传统。诸葛亮的父亲诸葛珪也十分重视对后辈子女的教育问题。诸葛亮的哥哥诸葛瑾在接受完传统的儒家经典教育后，便被父亲送到京师游学，所谓“读万卷书不如行万里路”，诸葛珪自是深知此理。和兄长一样，诸葛亮年幼之时便在父亲的安排下接受教育。父亲去世后，诸葛亮随叔父诸葛玄迁居荆州。在叔父的安排下，年幼的诸葛亮进入了荆州刺史刘表主持的官学中学习。在那个战乱频仍的年代，诸葛亮在父亲和叔父的安排下接受了完整的高质量的启蒙教育和基础教育。

诸葛亮像　张旺

诸葛玄去世后，十七岁的诸葛亮在隆中开启了他十年的“躬耕陇亩”的生涯。隆中隐居的十年，诸葛亮并非彻底与世隔绝。十年间，他遍览百家之书，遍访名流高士，与荆州名士庞德公和司马徽来往密切，经常与二人切磋交流，并受其指点。所谓“阅人无数，不如名师指路”，在经典熏陶与名师帮助下，诸葛亮的学业取得了极大的进展。

其次是环境因素。诸葛氏世居齐鲁大地，这里是儒家文化的发祥地，诞生过孔子、孟子两位儒学大哲；这里还是私学发展的起点，孔子杏坛讲学的余音未曾断绝；这里也是百家争鸣的焦点，稷下学宫的唇枪舌剑绵延不断。正是齐鲁大地这源远流长的文化传统浸润着诸葛亮的心灵，也正是这博大精深的齐鲁文化使得诸葛亮可以学贯百家、终成一代名相。

学习在儒家的传统中是有特殊地位的，开私学风气之先的孔子就曾说道：“十室之邑，必有忠信如丘者焉，不如丘之好学也。”（《论语·公冶长》）《论语》中也曾多次提及“学”的重要性：“曾子曰：‘吾日三省吾身——为人谋而不忠乎？与朋友交而不信乎？传不习乎？’”（《论语·学而》)“子曰:‘温故而知新,可以为师矣。’”“子曰:‘学而不思则罔,思而不学则殆。’”(《论语·为政》)可见,对学习的重视是儒家的重要传统。长期在齐鲁大地接受儒家文化浸淫的诸葛亮自然也继承了儒家重视学习的态度。

正是在家庭与环境因素的交互作用下,诸葛亮的成才之路成了一条不断学习的道路,也因此才有了《三国演义》中那个羽扇纶巾、上知天文下知地理的诸葛亮。而得益于诸葛亮对学习的极端重视,因此才会有对后代“夫学需静也,才需学也”的苦心劝诫。

二、志:志当存高远

诸葛亮在《诫外甥书》中开篇即告诫外甥:“夫志当存高远,慕先贤,绝情欲,弃疑滞。”立志高远也是诸葛家风的重要特征之一。

诸葛氏先祖葛婴是秦末农民起义领袖陈胜麾下大将,若无大志,岂能以弥天之勇揭竿而起,反抗嬴秦暴政?诸葛氏远祖诸葛丰曾任西汉司隶校尉,在任期间,诸葛丰秉公执法、不畏强权,若无大志,岂能以铮铮铁骨彪炳史册?诸葛亮的父亲诸葛珪及叔父诸葛玄深感吏治黑暗,痛恨阉宦秉政,若无大志,岂能以拳拳之心交游“党人”?诸葛亮的兄长诸葛瑾博闻强识、少年学成,若无大志,岂能以满腔热血远赴京师游学?诸葛亮本人学贯百家、交游名士,若无大志,又岂能以十年蛰伏换来千古一对?

诸葛亮所立之志从来不是个人的荣华富贵。在《出师表》中,诸葛亮向后主刘禅痛陈“臣本布衣,躬耕于南阳,苟全性命于乱世,不求闻达于诸侯”,他告诫自己的晚辈“非淡泊无以明志,非宁静无以致远”。他清楚地知道，人生于世，一定要有大格局、大志向，要以天下为己任、以社稷为担当。父亲诸葛珪给兄长取名诸葛瑾，便是希望哥哥似玉之白，涤清腐败之政治；父亲给自己取名为亮，便是希望自己可以如炬之明，照亮黑暗之世道。所以，在诸葛亮的身上，立志高远不仅是家风使然，也是其父的殷切期望。

事实上，诸葛亮也确实做到了以天下为己任、以社稷为担当。孟子说过“天将降大任于斯人也，必先苦其心志，劳其筋骨，饿其体肤，空乏其身，行拂乱其所为，所以动心忍性，曾益其所不能”（《孟子·告子下》）。上天似乎真的有意降大任于诸葛亮，故而制造了重重困难考验他——在到达荆州前的十五年里，诸葛亮幼年丧母，继而丧父，未等他从失去双亲的悲痛中走出，便因为战争爆发而不得不远走他乡，过上了颠沛流离的生活，从徐州到豫章，再从豫章到荆州。到达荆州后，诸葛亮本以为可以自此结束流浪生活而得以安心求学，不料一直照顾他的叔父诸葛玄却在此时离开了人世。在此期间，诸葛亮亲眼见证了战争的残酷、政治的黑暗、国家的动荡和黎民的无助，种种不幸和灾难都促使年少的诸葛亮快速成长，他很早便开始思考他个人的命运、百姓的出路和国家的前途。正是这种济世救民的家国情怀，使得诸葛亮从一开始就没有将他个人的前途独立于黎民社稷之外，他立志用自己一生的奋斗去救民于水火、挽社稷于狂澜。自隆中与刘备执君臣之礼开始，诸葛亮“受任于败军之际，奉命于危难之间”，而有白帝托孤、外联东吴、内修政理、南征平叛、北抗强魏等丰功伟绩。在追随刘备的二十多年里，诸葛亮“庶竭驽钝”，不仅是为了“报先帝、忠陛下”，更重要的是，“兴复汉室，还于旧都”这才是他的人生的宏愿，是他为实现自己济世救民的理想所选择的一条路径，终其一生，其志未改。

在漫漫历史长河中，诸葛亮并不孤独，“以天下为己任、以社稷为担当”是有志之士的共同追求，历史从来都不缺乏为理想而生又为理想而死的殉道者，他们因铮铮傲骨独立于其时，亦因铮铮傲骨神交于古今。《三国志》载：“亮躬耕陇亩，好为《梁父吟》。身高八尺，每自比于管仲、乐毅，时人莫之许也。”诸葛亮隐身躬耕于南阳，时常吟诵《梁父吟》，并常以管仲、乐毅两位良相名将自况。短短二十八个字，却道尽了一个志存高远者的辛酸与无奈。诸葛亮的心中装着整个天下，可在那个风谲云诡的时代，熙熙攘攘，利来利往，谁又能理解他的志向？一首《梁父吟》竟是曲高和寡！诸葛亮大概不会想到，千年之后，一位和他一样的志存高远者把他自己当成了楷模，这人便是文天祥。“或为出师表，鬼神泣壮烈”——这是文天祥在《正气歌》中借诸葛亮来表述自己的志向。和诸葛亮一样，文天祥的一生也是为黎民社稷奋斗奔波的一生，“人生自古谁无死，留取丹心照汗青”正是其赤胆忠心之写照。这跨越千年的历史对话，激励了一代又一代的志存高远者，这也就是为什么诸葛亮一再告诫自己的后生晚辈“志存高远”“淡泊明志”。

与“学”一样，诸葛家风中重视“立志”也得益于儒家传统的影响。孔子本人曾自述：“吾十有五而志于学。”（《论语·为政》）正是因为孔子十五岁那年的“志于学”，才有了郁郁斯文在泱泱华夏千年的传承。在《论语·先进》中，孔子的四位学生曾皙、子路、冉有、公西华曾各言其志，孔子唯独对曾皙的志向表示了赞同。与子路、冉有、公西华治国安邦、富民教民的理想相比，曾子“暮春者，春服既成，冠者五六人，童子六七人，浴乎沂，风乎舞雩，咏而归”的格局似乎有点小，殊不知，在礼坏乐崩、苛政如虎的彼时，想要在暮春之日咏歌而归谈何容易？相比于邦域之谋，曾皙才是真正的大格局、大志向，如此立志高远，孔子岂能不赞同？而深受儒家文化影响的诸葛亮在《诫子书》中劝诫后辈“志当存高远”也就不足为怪了。

三、节：良禽择木，贤臣择主

> 大江东去，浪淘尽，千古风流人物。故垒西边，人道是，三国周郎赤壁。乱石穿空，惊涛拍岸，卷起千堆雪。江山如画，一时多少豪杰。
>
> 遥想公瑾当年，小乔初嫁了，雄姿英发。羽扇纶巾，谈笑间，樯橹灰飞烟灭。故国神游，多情应笑我，早生华发。人生如梦，一尊还酹江月。

这是苏轼的《念奴娇·赤壁怀古》，字里行间流露出苏轼对周瑜的仰慕。周瑜少年得志，二十四岁便官拜中郎将，以赫赫战功享誉吴郡。

> 何处望神州？满眼风光北固楼。千古兴亡多少事？悠悠。不尽长江滚滚流。
>
> 年少万兜鍪，坐断东南战未休。天下英雄谁敌手？曹刘。生子当如孙仲谋。

这是辛弃疾的《南乡子·登京口北固亭有怀》，其中“生子当如孙仲谋”出自曹操，孙仲谋即指孙权，孙权也是年不及弱冠便成为一路诸侯。

相比于周瑜和孙权的少年得志，二十七岁的诸葛亮仍隐居隆中。胸怀天下、立有大志的诸葛亮为什么不尽早出山入仕，开始他救国救民的征程呢？其实，诸葛亮在进入荆州后，叔父诸葛玄将他的两个姐姐分别嫁给了当地望族，靠着姻亲关系，他如果想要出仕，其实相当容易。然而，诸葛亮是世上第一等不甘平庸之人，更是这世上第一等高节清风之人，他告诫自己的后生晚辈“若志不强毅，意不慷慨，徒碌碌滞于俗，默默束于情，永窜伏于凡庸，不免于下流矣”（《诫外甥书》），大意是，如果意志不坚强，意气不昂扬，沉溺于习俗私情，碌碌无为，就将永远处于平庸的地位。劝勉晚辈尚且如此，诸葛亮自己又岂会甘于平庸以致“悲守穷庐”（《诫子书》）。诸葛亮自十七岁起便隐居隆中，他遍览群书、遍访群贤，十年时间为自己的腾飞积蓄了充足的力量，他期待着有一天能像楚庄王那样“不鸣则已，一鸣惊人；不飞则已，一飞冲天”，可是他这条“卧龙”又能飞向哪里呢？

诸葛亮是一个以天下为己任、以社稷为担当的人，他这条“卧龙”必须飞到一个和他一样胸怀天下的人身边才能实现自己理想和抱负。身居隆中却又胸怀天下的卧龙先生诸葛亮从未放弃过对天下局势的关切。他暗自考量着各路豪强：荆州牧刘表偏安一隅，自保守成，非是有为之主；江左孙权，父兄初逝，主少国弱，颇难有成；北方曹操，挟天子以令诸侯，觊觎汉室江山，不臣之心已露；袁氏兄弟，虽是名门望族，累世三公，却无济世之志，难成天下之主。诸葛亮不愿将自己的一生的志向托

隆中对　戴敦邦

付给这些人，他在等待，等待那个和他一样把天下生民装进心里的人出现。

上天终究是想让诸葛亮成就一番事业的，在漫长的等待之后，那个与诸葛亮志同道合的人终于出现了。在隆中蛰伏十年后的一天，一个自称中山靖王之后，姓刘名备字玄德的人前来拜访诸葛亮。此时的诸葛亮，只当刘备和前人一样，庸而无才，于是便托故不见。刘备并非第一个被诸葛亮拒之门外的人，但却是少数再次前往拜访的人，也是唯一三次登门拜访的人，这次，诸葛亮没有将其拒于门外。在"凡三往，乃见"后，刘备对诸葛亮提出的第一个问题就是："汉室倾颓，奸臣窃命，主上蒙尘。孤不度德量力，欲信大义于天下，而智术浅短，遂用猖蹶，至于今日。然志犹未已，君谓计将安出?"（《隆中对》）如何能拯救倾颓之汉室？刘备的这个问题让诸葛亮相信，他苦苦等待的那个人终于出现了！诸葛亮遂将自己十余年的思考所得和盘托出："自董卓已来，豪杰并起，跨州连郡者不可胜数。曹操比于袁绍，则名微而众寡，然操遂能克绍，以弱为强者，非惟天时，抑亦人谋也。今操已拥百万之众，挟天子以令诸侯，此诚不可与争锋。孙权据有江东，已历三世，国险而民附，贤能为之用，此可以为援而不可图也。荆州北据汉、沔，利尽南海，东连吴会，西通巴、蜀，此用武之国，而其主不能守。此殆天所以资将军，将军岂有意乎？益州险塞，沃野千里，天府之土，高祖因之以成帝业。刘璋暗弱，张鲁在北，民殷国富，而不知存恤，智能之士，思得明君。将军既帝室之胄，信义著于四海，总揽英雄，思贤如渴，若跨有荆、益，保其岩阻，西和诸戎，南抚夷、越，外结好孙权，内修政理，天下有变，则命一上将将荆州之军以向宛、洛，将军身率益州之众出于秦川，百姓孰敢不箪食壶浆以迎将军者乎？诚如是，则霸业可成，汉室可兴矣。"（《隆中对》）诸葛亮分析了自董卓兴乱以来诸位豪强的情状，认为曹操拥兵百万，不可强与之争；孙权占据江东，选贤任能，励精图治，可交不可攻；刘璋势力弱小，张鲁虽占据富裕之地却失民心；并进一步分析了荆州和益州对刘备成就帝王之业的重要作用。如此一问一答之间成就了千古隆中一对，刘备与孔明自此执君臣礼，诸葛亮清明守节十余载终于迎来了明主，开启了施展抱负的征程。

诸葛亮的清明守节、“待价而沽”也受到了儒家传统的影响。孔子本人就曾经历过“待价而沽”的阶段，《论语》记载了子贡和孔子的一段对话：“子贡曰：‘有美玉于斯，韫椟而藏诸？求善贾而沽诸？’子曰：‘沽之哉！沽之哉！我待贾者也。’”（《论语·子罕》）子贡显然不仅仅是就一块玉向孔子发问，他是将自己的老师比作了美玉，询问老师将何以自处；孔子当然领会到了子贡的用心，回答说“我待贾者也”，他所等待的也绝不仅仅是买玉之人，而是他本人的伯乐，那个可以实现他“吾其为东周乎”抱负的人。诸葛亮在隆中蛰伏的十年大概很能体会孔子这种“待价而沽”的心境，圣人的精神感召着诸葛亮，在躬耕陇亩的生活中苦苦等待，终于等来了刘备的“猥自枉屈”，三顾茅庐！而“良禽择木而栖，贤臣择主而待”也成了诸葛亮家风的重要内容。

四、忠：鞠躬尽瘁，死而后已

建兴十二年（234）八月，率军北伐的诸葛亮在五丈原染病而逝，《三国志》记载，诸葛亮死后，蜀汉朝廷“赠君丞相武乡侯印绶，谥君为忠武侯”。《谥法》云：“危身奉上曰忠。”终诸葛亮一生，正如其在《出师表》中自述，早年“受任于败军之际，奉命于危难之间”，先主刘备崩后，立志“北定中原，庶竭驽钝，攘除奸凶，兴复汉室，还于旧都”，真正做到了“鞠躬尽瘁，死而后已”。

诸葛亮的“忠”其实也是家风使然。先祖葛婴是追随秦末农民起义领袖陈胜反抗暴秦的大将，终其一生都忠于农民起义的事业和领袖陈胜，在长期的南征北战中奋勇杀敌，为反抗暴秦的事业立下了汗马功劳，立下了赫赫战功，虽终因陈胜所忌而被杀害，但其对义军的忠诚和对陈胜的忠心日月可鉴。曾任西汉司隶校尉的诸葛家族先祖诸葛丰一生忠于朝廷、忠于职守。为整顿吏治，维护法纪，诸葛丰铁面无私、不畏权贵，以致民间流传着“间何阔，逢诸葛”的俗语，以颂诸葛丰维护法纪的勇气和决心。后因弹劾权贵，遭奸人所忌而被免官，以致诸葛丰病死家中，但他不畏强权的铮铮傲骨还是在史书上留下了“特立刚直”之名。

诸葛亮的父亲诸葛珪和叔父诸葛玄自小就给他和兄长讲先祖的故事，他也在史书中感受着祖先的“忠”与“勇”。耳濡目染之下，先祖对国家、对君王、对黎民的那份耿耿忠心便成了诸葛亮和他诸位兄弟内在的品质。当是之时，魏蜀吴三国鼎立，诸葛亮仕蜀，其兄诸葛瑾仕吴，族弟诸葛诞仕魏。兄弟三人虽同胞同族，却各事其主，未敢以私情而损其主。诸葛亮与诸葛瑾曾互使吴蜀，二人虽为兄弟却仅“公会相见，退无私面”（《三国志·张顾诸葛步传》）。一次，诸葛亮出使东吴，孙权想留下他效力，嘱托诸葛谨当说客，并搬出家庭伦常劝说，“且弟随兄，于义为顺”，而诸葛亮则以“委质定分，义无二心”，断然拒绝。诸葛诞仕魏期间，恰逢司马氏篡政，因其忠于曹魏政权而遭杀害，其子诸葛靓终身不仕晋室，以示忠于曹魏。诸葛门风，忠烈传家，由此可见一斑。

诸葛亮自隆中与刘备执君臣礼后，便如其所说“受任于败军之际，奉命于危难之间”，将其一生都贡献给了刘备和蜀汉政权。在刘备落败、进退无门的窘境下，诸葛亮只身犯险，奔赴江东，凭三寸不烂之力舌战群儒，分析利弊，说服孙吴政权联刘抗曹，为刘备争取了喘息之机，终于，赤壁一战取胜，刘备又重新在荆州立足；刘备在弥留之际于白帝城托孤于诸葛亮，直言“君才十倍曹丕，必能安国，终定大事。若嗣子可辅，辅之；如其不才，君可自取”（《三国志·诸葛亮传》），不论刘备在这里所说的“自取”是想让诸葛亮自行取代刘禅而为“成都之主”（《三国演义》），还是临终前授予诸葛亮自行取度的权力，可以看到是，弥留之际的刘备对诸葛亮表现出了极大的信任，若非十余年来诸葛亮忠心事主，又岂会赢得刘备如此信任？

先主崩后，诸葛亮领受托孤遗命，一心辅佐后主刘禅，未有丝毫不臣之心，正如其所说“受命以来，夙夜忧叹，恐托付不效，以伤先帝之明”，为“兴复汉室，还于旧都”（《前出师表》），诸葛亮数次率军北伐，并于北伐途中含恨而逝，以一颗忠心做到了他在先主病榻前承诺的“竭股肱之力，效忠贞之节，继之以死”（《三国志·诸葛亮传》），追谥“忠武”，当之无愧！

舌战群儒　戴敦邦

诸葛家族以“忠”治家也有儒家传统的影响。曾子总结孔子的思想说：“夫子之道，忠恕而已矣。”（《论语·里仁》）朱熹解释为：“尽己之谓忠，推己之谓恕。”（《四书章句集注》）而孔子所忠的对象就是他所为之奋斗一生的“文”，所谓“周监于二代，郁郁乎文哉！吾从周”（《论语·八佾》），他所从的不是周，是周代那厚重的文明。孔子曾于匡地遇险，身陷险境的孔子认为周文王死了以后，文化传统都在自己那里（“文不在兹乎”），上天如果要废弃这种文化，后代的人就不会有机会学习这种文化，上天如果还没废弃这种文化，那么匡人又能对我怎么样呢？（《论语·子罕》）孔子在生死安危的关头想到的不是自保，而是保“文”，他向“天”表达了卫道卫文之决心，也表达了卫道卫文之自信，这是对“文”的大忠。生于兹长于兹的诸葛亮对蜀汉政权之忠，不能不说是受到了圣人卫道卫文精神的感召。

五、俭：静以修身，俭以养德

在《诫子书》中，诸葛亮开篇即谈到“夫君子之行，静以修身，俭以养德。非淡泊无以明志，非宁静无以致远”。勤俭治家也是诸葛家风的重要内容。

《三国志》中记载了一篇诸葛亮给后主刘禅所上的表文：“成都有桑八百株，薄田十五顷，子弟衣食，自有余饶。至于臣在外任，无别调度，随身衣食，悉仰于官，不别治生，以长尺寸。若臣死之日，不使内有余帛，外有赢财，以负陛下。”（《三国志·诸葛亮传》）在蜀汉政权中官居高位、位极人臣的诸葛亮所有家产不过桑株八百株、薄田十五顷，仅使子弟衣食有余，而别无他产，其治家之俭可见一斑。

诸葛亮在弥留之际留下遗嘱“葬汉中定军山，因山为坟，冢足容棺，殓以时服，不须器物”（《三国志·诸葛亮传》）。堂堂一朝宰相，死后葬身山野，不置重殓，不设陪葬。

供职于吴的诸葛瑾和诸葛亮一样清正廉洁、勤俭治家。《三国志》中记载，诸葛瑾在弥留之际“遗命令素棺殓以时服，事从省约”（《三国志·张顾诸葛步传》），要求自己的葬礼要厉行节约。诸葛瑾和诸葛亮兄弟二人在动荡乱世中坚守清廉俭朴，这绝非偶然的个人选择，而是家风传承和积淀的必然结果，这也就不难理解为什么诸葛亮会异常重视简朴，甚至将俭朴等同于道德。诸葛家族世居齐鲁大地，这里是儒家文化的发祥地，自古人文荟萃，斯文在兹。儒家的传统对俭朴之风也是颇加提倡，《论语》记载孔子评价颜回“贤哉回也，一箪食，一瓢饮，在陋巷，人不堪其忧，回也不改其乐。贤哉回也”（《论语·雍也》），也说过“饭疏食饮水，曲肱而枕之，乐亦在其中矣。不义而富且贵，于我如浮云”（《论语·述而》）。在这两处论述中，孔子分别将俭朴与“贤”和“义”两种道德条目联系起来，这与诸葛亮在《诫子书》中所说的“俭以养德”是一致的。在儒家的传统里边，“富”和“贵”是需要“义”来维持的，所谓“义，即宜也”。在深受儒家文化影响的诸葛亮看来，为官一任而至“内有余帛，外有赢财”是“负陛下”的“不义”之举，因此在齐鲁大地深受儒家文化影响的诸葛家族也便有了不取不义之财的门风。

儒家的传统固然重视俭朴之风，但对丧葬之事却极其重视，所谓“慎终追远，民德归厚矣”（《论语·学而》）。但是，诸葛瑾临终前留下了“素棺殓以时服，事从省约”的遗嘱，诸葛亮在弥留之际也留下了“殓以时服，不须器物”的遗言，兄弟二人都要求自己的葬礼从简，这是否与儒家的传统相违背？其实不然，儒家固然重视葬礼，但孔子也说过：“大哉问！礼，与其奢也，宁俭。丧，与其易也，宁戚。”（《论语·八佾》）孔子认为，相比于葬礼的奢华程度，不如节俭地操办，相比于礼仪繁复，不如内心的悲悯。可见，在儒家的传统里，丧葬礼仪本质上是一种手段，对“礼”的尊重不在“贵”与“奢”，内心的敬畏才是儒家关心的重点。孔子也说过“质胜文则野，文胜质则史。文质彬彬，然后君子”（《论语·雍也》），但是当质与文只能取其一时，儒家一定会毫不犹豫的选择“质”而非“文”，所以诸葛瑾和诸葛亮主张节俭，也是对儒家传统的尊崇与敬畏。

在上文中，我们从学、志、节、忠、俭五个方面看到了诸葛亮的家风。实质上这五个方面并非相互独立，而是一个相互联系的有机整体。正如诸葛亮在《诫子书》中所说：“夫学须静也，才须学也，非学无以广才，非志无以成学。”若无大志，岂会埋首书堆、孜孜求学？胸怀大志，岂会苟安于世、降身辱节？持节而立，焉能不事主以忠？志高、节正、心忠，岂会耽于享乐、奢靡度日？

《诫子书》短短八十六字，开家教训导之先声，为处世治国之根本，是修身养性之准则，实为千古之绝唱。今天重温，我们仍能感受到其中宁静的力量、节俭的力量、好学的力量、励志的力量、忠诚的力量，以及超脱的力量。

（执笔：王玉彬）

第五日

李世民：非威德无以致远

唐太宗李世民是我国历史上著名的皇帝，在他执政期间，选贤任能，从谏如流，文治武功都达到了很高的程度，为国民开辟了一个难得的太平盛世，史称贞观之治。

李世民生于598年，成长在隋炀帝时期。在唐王朝的建立过程中立下赫赫战功。天下初定，北方的突厥人又屡次来犯，唐王朝的统治岌岌可危。当突厥王颉利可汗率领大军兵临城下之时，李世民亲自带着房玄龄、高士廉等六位大臣策马渭水之畔，与几十万突厥大军对峙。这一惊世骇俗的举动震撼了颉利可汗，最终和李世民结下了渭水之盟。李世民在武功方面能够安邦定国，在文治方面也多有建树。他继承并进一步把科举制度发扬光大，大倡尊文重教之风。一时间，贤达之士毕集朝堂，国家政事欣欣向荣，李世民本人也被各族人民尊称为“天可汗”。

但是，就是这样一个在军事、政治、文化上都颇有建树的君主，在立储君的问题上也吃尽了苦头。李世民根据长幼有序的习惯，先立自己的长子李承乾为太子。李承乾少年聪明，非常讨李世民的欢心，但是长大后却沉迷酒色，意志消沉，终于被废。李世民非常痛心，他深深懂得，一个帝王的德行对国家的重要性。有了长子惨痛的教训，李世民更加注重对自己子女的教育，力求让他们成为江山的继承者，百姓的守护人。谢世前一年，他甚至亲笔写下长文《帝范》来教导子弟，以此形成了一整套独特的帝王家风。

一、重德：倾己勤劳，以行德义

李世民曾亲笔为太子李治写下长文《帝范》，一年之后，他便与世长辞。文中李世民向儿子陈述君王之道，开篇就讲到君王的统御之道，他认为君主的统御之道最重要的不是权势、武功，更不是外在的仪仗，而是个人的品德，所谓“倾己勤劳，以行德义，此乃君之体也”。所以，在李世民的理解里，一个好君王，一定要重德，他的子孙想要做一个优秀的君王，首先就是要做一个有德的人。

在中国的古代帝王术中，父授子业之时，有人教儿子阴谋，有人教儿子权术，有人教儿子识人，为什么李世民教儿子要把道德放在君王最核心的位置呢？这要从李世民的经历说起。

李世民经历了隋王朝几十年间的治乱兴衰，他眼睁睁看着隋的天下从文帝到炀帝，从盛极一时转为四分五裂，进而江山易手。李世民对此进行了反思，隋炀帝杨广不论是在政治抱负还是在文采词章方面，都是一个很有能力的人。他远征漠北、修大运河，无一不是千秋大业。但是，为什么隋王朝会在这样一个很有能力的人手中瓦解崩溃呢？李世民的结论是杨广无德。隋炀帝做事，多为了一己私欲，从不考虑百姓的承受能力，所以，他的政治抱负越大，给天下造成的伤害也就越大。这样的君主就是只有私欲而没有公德，故而丢了天下。而李世民自己为什么能够取得政权呢？原因就是，他心中有天下，心中有德。这一点，从他和父亲李渊的故事中便可以看出。

隋朝末年，李世民看到隋炀帝不得民心，于是就劝说李渊起兵反隋。但是，在起兵之初，非常不顺利，天总是下雨，军粮供应不足，士兵的气势也就越来越弱。这个时候，李渊就想放弃了：争什么天下，还不如回兵太原，做个土皇帝，不是照样安享富贵？得知这个消息之后，李世民苦苦劝说，让父亲以天下苍生为重，千万不能退却。但是，李渊不听，执意退兵回太原。当军队开拔之时，李世民在军门大哭，李渊及三军震动。李渊就问儿子，你为什么这么悲伤啊，我们就是回到太原，依然是兵权在手，锦衣玉食啊。李世民说，我们举义兵，是为了拯救天下的苍生，应该直入咸阳号令天下，现在要回去困守一城，那和盗贼有什么区别呢？如果现在退兵，我们的军队也就知道，我们都是些重利轻义的人，必定自乱阵脚，到时候敌军大兵压境，离失败也就不远了。李世民的一番话终于说动了李渊，兵发咸阳，这才有了成就唐朝伟业的基础。从中可以看出，李世民是心怀天下的，这对于一个君主来讲，就是有德。

后来，李世民不管是用兵还是为政，都是以德为先。他手下的将领、大臣，之所以会效忠于他，很大程度上，也是因为钦佩他的人品。比如，当时的瓦岗名将秦琼、程知节，敌对方的将领尉迟敬德，还有曾经属于李建成阵营中的名臣魏徵，都为他的德行打动，对他忠心耿耿。在李世民还没做皇帝的时候，奸雄李密一见他就感叹“真英主也”，甚至不敢仰望。这样的威仪，一定不是靠武力震慑或者金钱收买的。那么靠什么呢？就像李世民自己说的，“非威德无以致远，非慈厚无以怀人”，令人叹服，让人效忠，在乱世当中，最有号召力的君主，一定是有德者。

故而，李世民在给继任者李治的教诲中，第一条就是要重德。这也成为李氏一门家风中的第一条训诫。李世民不止一次强调：“人之立身，所贵者惟在德行，何必要论荣贵。”后来，李唐王朝经历的安史之乱，也印证了李世民训诫的正确性。唐玄宗李隆基，年轻的时候是一个非常注重自己品德的皇帝，勤政爱民，创造了开元盛世。但到了晚年，他贪图个人的享乐，甚至为了满足肉欲，设立一个官职叫“花鸟使”，专门为他去全国物色美女。这样一个失德的君主，自然也从开元盛世明君的圣坛上跌落下来，成了安史之乱的罪魁祸首，也导致了大唐王朝锦绣山河一朝破败，最终走向灭亡。

所以，在君主专制时代，一个国家的治乱兴衰往往系于皇帝一人身上，皇帝重德，国家安泰，天下归心；皇帝失德，江山易手，家国败亡。李世民一生历尽罹乱，看透治乱兴衰之道，才把“重德”两字看得如此之重，把它当做一个好皇帝的基础，当做家风训诫的第一条。

二、尊师：尊师之道，如尊己父

皇帝分为两种，一种是开国皇帝，一种是继位皇帝。李世民自然是前一种。虽然唐朝的第一位皇帝是李渊，但熟读历史的人都知道，在唐王朝的建立过程中，起到决定作用的人是李世民。民间也有“子打江山父坐殿”的说法。也正因如此，“玄武门之变”后，李世民才能够顺利地继承皇位。开国皇帝往往是天赋异禀的人，德行、武功、智谋，甚至运气都比常人要好。但是，继承者们就不一样了。皇帝对于他们来讲就是个职业，如何获得起码的职业修养、职业技能？没有别的方法，只有学习。为了唐王朝的长治久安，李世民非常注重皇子们的教育工作。于是，在对后代的训诫中，特别强调两个字：尊师。尊重师长，是李世民家风中仅次于“重德”的一条。

李世民特别重视皇子们的教育，他给自己的儿子们都聘用了当时最著名的学者、贤臣作为老师。其中，太子李承乾的老师就是隋唐两朝的名臣李纲。

这个李纲本是隋朝的名臣，以刚直不阿、敢于进谏著称。在隋朝的时候，他就做过太子杨勇的老师。杨勇不争气，终日沉迷于酒色，最后被隋文帝给废了。废太子的时候，隋文帝大骂杨勇，东宫中鸦雀无声，这时李纲站了出来，说，陛下平常不教育太子，所以才到了今天这种地步，太子的天资跟普通人无异，如果让贤良的人辅佐他就能从善，如果让不善之人诱导他就会向恶，为什么只责骂太子一个人的罪过呢？隋文帝听完非常后悔，也更看重李纲了。当时李纲就是太子杨勇的老师，他为什么还说隋文帝不重视教育呢？老师教不好太子，责任在谁呢？隋文帝明白，后来的李世民更明白，最大的责任在皇帝。原因很简单，在等级制度森严的皇权时代，这些皇子们的身份都比老师高贵，权利都比老师大，以下教上，谈何容易？所以，李世民很清楚，要让皇子们受到良好的教育，一方面是请到好老师，这一点对于皇帝来讲太简单了，他可以给皇子们聘请最好的老师。第二方面比较难，也更重要，就是教育的有效性。如何让皇子能够受到最有效的教育，最关键还是要让皇子们尊重他们的老师。李世民正是有感于此，才特别在对子孙的训诫中强调尊师的重要性。

据传，李纲到了晚年的时候身体不好，患有足疾，有时路都走不了。但是，每天给太子的讲课不能耽误啊，怎么办？李世民下令，可以让李纲乘坐轿子出入皇宫。这在皇权时代就是臣子最高的殊荣了。不仅如此，李世民每每当朝，都是让李纲坐在自己身边，让皇子们看到自己对李纲敬待有加，对儿子李承乾也是这么要求。李纲每次乘着轿子去太子东宫，太子李承乾会早早地等在宫门前，看到老师的轿子来了，必然降阶相迎，小心翼翼地搀扶着老师走进课堂，毕恭毕敬听从讲授。

其实，李世民教育儿子尊重老师，不但针对太子一人，对每一个儿子都是这么要求的。他的第四个儿子是魏王李泰，是李世民与长孙皇后的第二个儿子，传说长相酷似李世民，而且自幼聪敏，才智出群，尤其爱好书法。李世民本身就是个书法皇帝，还曾拜欧阳询等人为师精研书法，所以李世民对这个儿子也特别地宠爱。后来，李世民延聘名臣王珪做魏王的老师。王珪这个人为人耿直、严厉，魏王李泰呢，资质颇高，又深得圣宠，难免轻狂，于是师生二人就常常产生矛盾，李泰开始对王珪态度轻慢，甚至出现不尊重的行为。李世民得知后，就把李泰叫到身边训斥。李泰知道自己错了，就问李世民，我应该以什么样的方式对待老师才合适呢？李世民回答，就像你对待我一样。之后，李泰便对王珪礼遇有加了。

这两件事情证明，李世民对于李家子弟的教育是非常看重的，要求李家子弟尊师重教。“尊师”也成为这个皇家家训中特别重要的一条，流传后世。

三、戒盈：水能载舟，亦能覆舟

“盈”就是自满，因为权力或者地位带来的自我膨胀、自我迷失。在君主专制之下，皇帝是天下最易“盈”的那个人。所有人都要对他仰视，所有人都要匍匐在他的脚下，这样的尊荣，就极易造就皇帝们的精神上的“盈”，进而骄奢妄为，给天下百姓甚至给国家带来灾难。

开国的君主多从战争中走过来，知道礼贤下士的重要性，知道民众的力量，懂得谦卑和敬畏。但是继承者们的情况就不一样了。这些皇子皇孙，生于深宫之中，长于妇人之手，锦衣玉食的物质满足和权力优越感，很快就会让他们忘掉先祖们创业之艰难，这就带来了“盈”的危险。李世民结合自己的经验和前朝的事例，对这一点定是深有体会。

隋炀帝杨广，这个人论才华和政治抱负，都是很出众的，但是隋朝就在他的手里灭亡了。李世民知道，隋朝灭亡的主要原因是杨广的无德，而无德的原因就是杨广的“盈”，因“盈”而骄奢妄为。杨广这个人，主观地认为自己至高无上，认为天下就是皇帝的天下，万民之膏脂以奉一己之欢心都是理所当然的。他征调民夫挖大运河，征调民夫攻打高丽等，都让民众苦不堪言。但是，月满则亏，水满则溢，一旦自己的骄奢妄为超过了限度，后果往往就不堪设想了。李世民亲眼看到，杨广从不可一世到身首异处，那教训可是血淋淋的。而且，李世民熟读历史，他看到过太多君王因为骄奢妄为致使国家丧乱的惨剧，最让他忧心的是，这样的故事总是循环往复，重复上演。从周幽王的烽火戏诸侯，到汉武帝的穷兵黩武，从晋惠文帝的奢靡无度，到隋炀帝的一意孤行，每一次天下动荡，无不带有帝王骄奢妄为的影子。帝王一旦“盈溢”，很快就会走向灭亡。鉴于此，李世民向自己的子孙提出“戒盈”的训诫，就是要让子孙们知道，虽然自己贵为天子，但不可以无法无天，肆意妄为。那种无度的骄横自满，最后的结果一定是身死国灭。

李世民在自己一生当中大多时候，可以说是一个非常懂得谦卑和敬畏的人。比如，有一次李世民搞了一次征文大赛，让朝中的大臣每人写一篇文章，议论朝政。评比结果一出来，所有人大跌眼镜。第一名居然是个武将，他叫常何。这个人在“玄武门之变”中帮了李世民的大忙，李世民很器重他，但李世民也知道他只是粗识文墨，绝写不出这样的好文章。于是，李世民就问，这文章是怎么写出来的？常何也不隐瞒，告诉李世民，这文章是他的一位门客写的，这位门客名叫马周。李世民得知常何府中还藏着这么一位大才，赶紧派人去请。过了不久，派去的使者一个人回来了，马周拒绝了君主的征辟，这在君主专制体制之下是很少见的。李世民这才知道，马周这个人才华横溢，但是傲岸不羁，他非但没有生气，还再次派人去请，一直派到第四名使者，马周这才来了。李世民极为欣喜，他与马周交谈政务，深受启发，即刻授以官职，并在魏徵去世之后，让他接替了魏徵的位置。从这里可以知道，李世民并不因自己身份的尊贵而骄横，反而能礼贤下士，这就是一个帝王的“戒盈”。

李世民“戒盈”的另一个表现就是时时对天下的百姓心存敬畏。他还把这种敬畏传递给自己后代，让他们也能心存敬畏，懂得“戒盈”之道。一次，李世民看到太子李治正在划船，就把他叫了过来。李世民问：你知道这舟的道理吗？李治说，不知道。李世民就教导他说：“舟所以比人君，水所以比黎庶，水能载舟，亦能覆舟。尔方为人主，可不畏惧！”“水能载舟，亦能覆舟”的格言就出于此，是李世民无时无刻不记在心上的对后代子孙的教育。这个教育就是要让子孙懂得“戒盈”的道理，心存畏惧之心，才能做一个好皇帝。而在李世民的身体力行之下，“戒盈”一条，也成了李家的家风，做为帝王这一特殊身份者应该秉承的道德修养，流传后世，这也为大唐王朝的盛世基业打下了良好的基础。

四、尚俭：圣世之君，存乎节俭

李世民身为皇帝，他的子女们自然是锦衣玉食，有条件尽享世间珍馐。但中华早有古训：成由勤俭败由奢。普通人的奢俭关乎一户人家的成败，那么，一个皇帝的奢俭，就关乎一个国家的成败。李世民当然懂得其中的厉害。所以，李世民对皇家子弟的教育中特别强调了一点：尚俭。

尚俭，就是提倡俭朴的生活作风，尽量远离奢靡之风，是一种有益的生活态度。它对于皇家，还有别样的意义。李世民曾经在《戒皇属》一文中写道：“每着一衣，则悯蚕妇；每餐一食，则念耕夫。”李世民知道，对于皇帝来讲，尚俭不仅是一种有益的生活态度，同时也是一种有益的从政品质。一个能够俭朴生活的皇帝，多半是能够体恤百姓的好皇帝，反之亦然。另外，在君主专制的时代，皇帝坐拥四海，同时也要管理四海，教化四海。皇帝这个角色，不仅是世俗政治的领袖，同时也是整个国家、整个时代的道德表率。一旦皇帝生活奢侈，下边的官员也会随之奢侈，所谓上梁不正下梁歪，那么整个时代必定奢靡之风盛行。一旦统治阶层奢靡成风，百姓必定就会受苦。所以，提倡俭朴的生活，就是教育皇帝做一个有德行的明君了。子弟们懂得了这个道理，才能够过上崇尚俭朴的生活，皇家崇尚俭朴，世风也就崇尚俭朴，国家才有可能把有限的物力集中到重大的事件上去；百姓才能够安泰，国力才能够兴盛。

李世民是这样理解的，是这样说的，那么他自己怎样做的呢？

据记载，李世民患有哮喘病，在夏秋之际最易发作。贞观二年（628），正值夏秋之交，这一年季节交替比较明显，暑气未消，秋凉已至，更加大了哮喘病发作的几率。这种情况下，一位大臣给李世民上了一道奏折。奏折上说，皇帝陛下，依照《礼》书上的规范，夏末时节是可以修台榭的。为了您的身体，我现在请您修一个台榭，以便居住。

平心而论，到了贞观二年这个时候，国家的元气早就从隋末的混乱中恢复过来，不要说修建一座台榭，就是重建一座宫殿，也不是国家负担不起的事，再加上李世民确实有哮喘病，所以，建台榭就变得顺理成章了。那么，李世民是怎么回答的呢？

李世民对奏章的批复是：我在书中读到过，汉文帝曾想要建造一座露台，但是他又想，一座露台的修建要耗费十户普通百姓的财富，他舍不得，于是就放弃了。今天，我自知贤德不及汉文帝，却要花费比汉文帝更大的代价来给自己建房子，那是天下父母的行为吗？

看到皇帝的批复，大臣们认为这是皇帝的推辞，如果大臣再三请求，皇帝一般就会勉为其难地答应了。于是，那个上奏的大臣再三上书，但李世民依旧拒绝了。通过这个故事可以看出，李世民的尚俭，真不是做做样子，堪称后辈子侄参照的楷模。

而且，正如李世民预料的，皇帝表率天下，一旦皇帝带头尚俭，整个官场也会随风而动。据记载，在贞观年间，大臣们以尚俭为荣。名臣魏徵的家，开始是没有正堂的，魏徵病重的时候，李世民去探望，大吃一惊。那时，李世民正好要建一座小殿，于是，他命令停工，把自己建小殿的材料给魏徵建了一座正堂。无独有偶，户部尚书戴胄，贞观七年（633）病逝，李世民这才知道，堂堂一国宰相，家中竟然没有可供祭祀的正堂。于是，皇帝下令为他修了一座庙，既是供人们祭祀之用，又是表彰他的勤俭之德。如若翻开贞观年间的历史，尚俭的事迹可谓俯拾皆是。也正是在这样的风气下，唐代才能够快速恢复元气，从被突厥欺负，到西征大漠，开疆拓土，李世民被称为“天可汗”。

正是有这样的理解，这样的经历，李世民才对后代提出“尚俭”的训诫。他把尚俭提升到治国理政的高度，因为皇帝的一言一行都关系着国家的命运。所以，皇帝的家风是尚俭，时代的风范就是尚俭。李世民的后辈子侄们凡是懂得这一点，大多能做一个好皇帝。

唐朝经过安史之乱后，天下四分五裂，国力大减，就在这样的基础上，唐宪宗李纯登上皇位。史传，唐宪宗最喜欢读的书就是《贞观纪要》，他怀想贞观年间的大唐盛景，仰慕祖先成就的时候，当然也会接受祖先的训诫，特别遵从“尚俭”的家训。据记载，李纯厉行节俭，不尚奢靡，《新唐书》中说，他平时“恶衣菲食”“苦身焦思，节衣缩食”“宫中用度极简薄”。但是，他在救济百姓方面却非常大方。据记载，元和四年（809），南方大旱，他告诫赈灾的官员说，我宫中用一匹绢帛，都要好好记数，但是，唯有周济百姓，那是不用计算费用的，你们要仔细体察我的意思。从这个事件中，可以看出，李纯是李世民家风中培养出来的好儿孙，把个人的德行和从政的品质结合在一起，皇帝尚俭，百姓就能过得宽裕，百官就能更为用心，国家大势也能因此扭转。在唐宪宗在位时期，可谓政通人和，史称“元和中兴”。从中可以看到，留存好的家风对子弟的教育是多么的重要了。

五、崇文：宏风导俗，莫尚于文

李世民是在马上得天下的皇帝，但是他深知，马上可以得天下，却不可以治天下。古代中国历来有文武之分，文治武功也是所有帝王追求的功业，相比于武功，李世民是特别推崇文治的。

《资治通鉴》记载，在李世民继位之初，面对如何解决突厥的问题，朝廷曾经有过一场非常大的争论。主张通过武力解决的，是宰相封德彝。而魏徵却说："偃武修文，中国既安，四夷自服。"魏徵这个思想，就是典型的文教思想，把国家治理好了，政通人和，那么突厥自然就拜服了，不用劳师远征。李世民采纳了魏徵的建议。最后的结局如何呢？十几年之后，李世民再次想起了那次争论，他说，因为自己采用了魏徵"偃武修文"的策略，突厥王颉利可汗被擒，突厥的各个酋长都成了自己大帐的护卫，大唐周边部族，都开始喜欢穿我们中原的衣服，接受我们中原文明的教化，这些都是魏徵的功劳啊。他接着说："但恨不使封德彝见之耳！"如果说遗憾，只有一个，就是这样的盛景，没办法让封德彝看到，那时封德彝已经过世了。

从这个故事中，不难看出，在李世民的政治理念中，他是崇尚文治的，也看到了文治的效果。故而在给后代的训诫中，李世民特别提到了一条：崇文。还是那句话，在君主专制的时代，皇帝的事，没有私事，都是公事。所以，皇帝的崇文，也分为个人和国家两个层面。从个人的角度讲，就是增强自身的文化修养。从国家的角度讲，就是增强文教，而非穷兵黩武。可以说，李世民在这两个方面做的都是非常不错的。

个人修养方面，李世民酷爱书法，还曾经拜欧阳询等大书法家为师。后来，这一爱好在皇族中也有影响，比如前面提到的皇四子李泰，就是个有名的书法家。而且，为了让书法得到更好的发展，李世民还在科举考试中加入了书法环节。宋代著名的学者洪迈就曾经论述，在唐代的科举考试中，主要考身、言、书、判四个方面，书指的就是书法。个人文化修养的另一方面是读书。李世民曾经说，自己自贞观以来，每日手不释卷。而且，他认为，读书能够让他知道风化的根本，能够体会到什么才是为政的关键。李世民尤其好读史书，对于各个朝代的帝王故事如数家珍。他曾言，君主应该以史为鉴，这给他处理政事带来了很多有益的影响。读书，后来成为李世民后代的一大良好习惯，比如李隆基、李约等人都酷爱读书。

从国家的角度，李世民提倡儒家思想，尊重读书人。在贞观二年（628），李世民尊孔子为“先圣”，贞观十一年（637），李世民再次下诏，尊孔子为“宣王”。同时，李世民把隋朝的科举考试制度发扬光大，据统计，在贞观年间，通过科举考试晋身进士的读书人，总共有205名。这些人在唐代为官，大兴文教之风。不仅如此，为了弘扬文教，李世民还在孔庙建立国学，教舍四百余间，学生最多时可达三千多人。这些措施，都对唐代的文治起到了极为重要的推广作用。所以，无论从个人的修养，还是从治国理政的角度来讲，李世民自身都是一个崇文的人。

崇文，成了李世民留给后代重要的训诫，也成了李唐王朝家风中重要的内容。李唐王朝后来的继承者，在崇文的道路上也多有建树。据记载，在唐高宗到武则天统治的五年间，通过科举制晋身进士的读书人有五百多人，而到了唐玄宗的开元年间，文教更盛，中国俨然成了诗歌的王国。崇文，在李唐王朝的发展中打下了深刻的烙印。而且，事实证明，崇尚文治，注重教化，确实给唐王朝带来了安定强盛。与之相反的是唐玄宗统治的后期，唐玄宗穷兵黩武，重用武人，表面上国势强盛，但内里却暗藏危机。安史之乱一起，唐王朝的百年积淀毁于一旦。后来，安史之乱虽平，但藩镇割据难消，虽然经历了唐宪宗的短暂中兴，最终还是没有挽回唐王朝覆亡的命运。这也从反面印证了李世民提倡崇文的重要性。

李世民作为一代帝王，他给自己的后辈留下的不只是亲手打下的江山，更给他们留下了良好的家风、家训。对于一般家庭而言，家风、家训是为人、治家的经验与启发，而对于李世民而言，这些家风、家训则是一个国家、亿万黎民安危的保障，是他一生峥嵘岁月的总结，治国理政的心得。“重德”“尊师”“戒盈”“尚俭”“崇文”，每一条都值得后世尊重，也值得后世学习。帝王的身份，让他的家风超越了一个家庭的范围，甚至可以称为中国古代治国理政经验的结晶。

（执笔：肖　磊）

范仲淹：廉俭持家、造福乡梓

北宋时期，有这么一个人，他一生奔波仕途，屡遭同僚抵牾，颇多争议。然而他死后的千百年来，士大夫和老百姓却给了他昭若日月的评价，朱熹说他“天地间气，第一流人物”，他写下的“先天下之忧而忧，后天下之乐而乐”，更成为此后中华仁人志士的精神准则与毕生追求，堪称中华文明史永久的精神财富。这个人就是范仲淹。

范仲淹，字希文，政治家、文学家，谥号“文正”，世称范文正公。他自幼家道清贫，随母改嫁后姓朱，中进士之后，才复本姓。范仲淹一生文学成就突出，政绩卓著，兴修水利、创办学堂、强兵卫国、抚慰四夷，主持了他一生中最重要的政治实践——庆历新政，提出了十项改革主张：明黜陟、抑侥幸、精贡举、择官长、均公田、厚农桑、修武备、减徭役、覃恩信、重命令，力图改变北宋积贫积弱的政治局面。文化方面，他改良教育，推广“苏湖教法”，为国家培养了大批人才，而经他举荐的学者也最终和范仲淹一起，促成了宋代学术的鼎盛，推动了影响此后千年历史的理学思潮。

范仲淹不仅在执教兴学中成绩显著，对家里孩子的教育成果也极佳，他的几个孩子范纯佑、范纯仁等都大有成就，范氏一门也因此成为诗礼世家。范仲淹治家甚严，他亲定《六十一字族规》和《义庄规矩》，并写有《诫诸子书》，范氏后人依其训诫写成《范文正公家训》，教导儿孙后代为人做事的规矩，成为治家立业的宝贵资源。范仲淹要求自家子弟必须持家勤俭节约、不可铺张浪费，对族人、他人要以仁爱之心行慈善之举，这些家风家训是中华传统文化的宝贵财富。

一、以廉俭操持家风

范仲淹的父亲早亡，他两岁的时候就随母亲改嫁到姓朱的人家，生活条件十分清苦。当他开始学写字的时候，家里买不起笔墨纸砚，他只好拿树枝在地上写。尽管如此，他还是认真读书、刻苦上进。十余岁的时候，他到山东邹平的醴泉寺求学，在那里留下了“断齑画粥”的故事。当时范仲淹在醴泉寺潜心学习，因为家庭条件所限，为了填饱自己的肚子，他每天晚上用糙米煮一盆稀饭，待第二天早上凝成冻后，划成四块，早上吃两块，晚上吃两块，没有菜，就切一些腌菜下饭。就这样坚持三年，终于学有所成。范仲淹曾在《齑赋》中写道：“陶家瓮内，腌成碧绿青黄；措大口中，嚼出宫商角徵。”

因为这段清苦的经历，范仲淹一生都坚持着廉俭持家的风范。据说，范仲淹任广德军司理参军时，想要回苏州接母亲来广德，因积蓄不多，下属要为他筹集路费，但他坚决不收。他说自己有一匹马，把它卖掉后就够回家的路费了。他不仅对自己如此，对孩子们也是如此要求的。范仲淹任参政知事时，已经位极人臣且俸禄极高，但他仍要求家人过廉俭的生活。有一次，他召集家人于厅堂，看到儿孙都衣着朴素，非

范仲淹"断齑画粥"

常高兴，他依旧告诫子孙道："贫贱时，无以为生，还得供养父母，吾之夫人亲自添薪做饭。当今吾已为官，享受厚禄，但吾常尤恨者，汝辈不知节俭，贪享富贵。"范仲淹死后没有余财，"殓无新衣，友人醵资以奉葬。诸孤无所处，官为假屋韩城以居之"，做到了清白廉俭一生。在他给子孙留下的《家训百字铭》中，更是要求子孙"谦恭尚廉洁，绝戒骄傲情"。

与对自家的勤俭不同，他对学生和朋友则极为慷慨。范仲淹在应天府讲学的时候，有一位叫作孙复的学生，他勤奋好学，但却因家庭贫困不得不中途辍学。范仲淹知道他很有能力，日后定是国家的栋梁之材，所以就拿出自己的钱来资助他继续学习，后来又在府学中给他找了一个差事，让孙复有钱贴补家用，从而可以安心读书。从此，孙复一心向学，十余年后成为当时著名的经学家，并最终名列"宋初三先生"之一。范仲淹不仅自己这样做，也这样要求孩子。有一次，范仲淹让次子范纯仁自苏州运麦至四川。范纯仁回来时碰见朋友石曼卿，得知他逢亲之丧，无钱运柩返乡，便将一船的麦子都送给了他，助其还乡。范纯仁回到家中，没敢提及此事。范仲淹问他，在苏州遇到朋友了吗？范纯仁说，路过丹阳时，碰到了石曼卿，他因亲人丧事，没钱运柩回乡，被困在那里。范仲淹立刻说道，你为什么不把船上的麦子全部送给他呢？范纯仁答道，我已经送给他了。范仲淹听后，对儿子的做法感到非常高兴，并夸奖他做得对。

范仲淹廉俭治家甚严，对任何可能造成家风败坏的事情都严格对待。范纯仁娶妻王氏，王氏为朝廷重臣王质长女，在娘家过惯了舒适生活，到范家后很不适应清贫的生活。一天，范仲淹看到儿媳用从娘家拿来的上好丝绸做帐幔，心里很不高兴，就对儿子和儿媳说："罗绮非帷幔之物，吾家素清俭，安能以罗绮为幔坏吾家法，若将帷幔带入家门，吾将当众焚之于庭。"大意是，这么好的绸缎，怎么能用来做帐幔呢？我们家一贯讲究清素节俭，你们若再用这些奢华的物品，有违我的家法家规，我就要在庭院里用火烧掉这些绸缎！从此以后王氏也改变了先前的生活习惯，开始和丈夫一起过清贫的日子。

正因为范仲淹对廉俭家风的坚守，这种风格成为范氏一门的准则。范纯仁后来做到了宰相的职位，《宋史》评价说："纯仁位过其父，而几有父风。"范纯仁从布衣到宰相，廉洁勤俭、关注民生始终如一，继承了父亲的品质。他曾说，"惟俭可以助廉，惟恕可以成德"，即只有俭朴才能铸成廉洁之风，只有宽恕可以成就好的德性。

范氏的这种廉俭家风，一直流传了下来，据说范仲淹的孙子范正平小时候学习刻苦，但穿的用的却比穷苦人家的孩子还差，而且平时和其他孩子一起到离城二十里的果林寺里读书，来回都是步行，且只用一把破扇子遮挡烈日，完全没有富家子弟的作风。

可以说，范氏家风最重视的就是廉俭。在如今罗江范家大院的石门柱上，仍镌刻着"自喜奂轮光世泽，还崇廉俭绍家风"的楹联，这就是告诫后人要廉俭。

二、以公心造福乡梓

范仲淹生活的时代是一个以家族为基本单位的时代，血缘联系、族群关系是人们很重要的生活纽带。但事实上，能做到大家族内互相帮助的家族非常少，大部分家族成员处于松散的状态，有血缘之名而无亲情之实。范仲淹认为，这样一种状态，既不利于宗族内部的团结和睦，也不能够帮扶家族中弱小的群体，所以他首先为范氏一族定立了族规，后来又在皇祐二年（1050），在其原籍苏州吴县捐助田地设立了义庄，义庄田地的地租用于赡养同宗族的贫穷成员。范仲淹还为义庄订立了非常详细的章程，制定了所有的帮扶细则。在他去世后，他的二儿子范纯仁等又续增条例，使义庄的规章日益完善。现在江苏省苏州市还有一所著名的景范中学，其校址就是范仲淹所建范氏义庄的旧址。

范仲淹认为："吾吴中宗族甚众，于吾固有亲疏，然吾祖宗视之，则均是子孙，固无亲疏也。苟祖宗之意无亲疏，则饥寒者吾安得不恤也。自祖宗以来，积德百余年，而始发于吾，得至大官。若独享富贵而不恤宗族，异日何以见祖宗于地下，今何颜入家庙乎？"一个大家族虽然有远近亲疏之别，但追根溯源，都有共同的祖先，所以若不能扶助族人，未来就无颜见九泉之下的列祖列宗。为此，范仲淹在《六十一字族规》中说："家族之中，不论亲疏，当念同宗共祖，一脉相传，务要和睦相处，不许相残、相妒、相争、相夺，凡遇吉凶诸事，皆当相助、相扶，庶几和气致祥，永远吾族家人炽昌般。"这是说，一个家族之内的人，不论远近亲疏，始终是血脉相连的，一定要和睦相处，不可以互相残杀，无论谁家事

范仲淹与渔父　范曾

都要相互帮助，这样才能使一个家族气氛祥和，而族人也能在这个家族的庇佑下永享兴旺。

而在范仲淹的《义庄规矩》里，则规定：“乡里、外姻亲戚，如贫窘中非次急难，或遇年饥不能度日，诸房共同相度诣，即于义田米内量行济助。”不仅一族之内的人要相互扶持，而且，当乡邻和外亲遇到大的灾难的时候，范氏一族也应当予以接济。尤其是要发挥义田的慈善作用，帮助大家渡过难关。

范仲淹虽然对宗族乡里很友善，但却坚决杜绝走后门、徇私情的行为。据说有一次，他的兄长范仲温要求范仲淹给自己的儿子们谋官职，范仲淹当即拒绝了，并在《与中舍书》中，谈了对侄子们的教育问题，指出应督促他们发奋学习，只有等到他们学有所成后，自己才可能按照国家的规定向朝廷推荐他们。后来，两位侄子在他的教育下，学业上进、品行端正，深受邻里乡亲的喜爱，范仲淹这才推荐他们，让他们按朝廷典章制度恩荫入仕。这时范仲淹又马上给他们写信，提出了一系列做人做官的要求，其中最重要的一条就是："汝守官处小心，不得欺事。与同官和睦多礼，有事即与同官议……莫纵乡亲来部下兴贩，自家且一向清心做官，莫营私利。"要求子侄们为官一定要尽职尽责，不可无所作为；要和同事们和睦相处，不可仗势欺人，尤其不可以让自己家里人到任官之处做买卖，否则必定官商勾结而毁了自家的家风，可见范仲淹对子侄们的殷殷期待。

范仲淹的这种以公心对待他人的仁爱，不仅表现在对族人、乡梓的义举上，更表现在对百姓的关爱中。范仲淹在三十余岁的时候曾在泰州做官。他发现，当地人深受海潮荼毒之害，却一直没有办法解决。范仲淹经过多方询问，知道只有修复早在唐代就坍塌的海堰才可以解决。于是他就协调各方力量，着力兴修海堰。然而开工不久，当地就遭遇了一场新的海潮灾害。范仲淹不辞辛劳，和工人们一起，亲自救灾，参与海堰的修建。在修建过程中，范仲淹的母亲去世了，按习俗范仲淹应居丧三年，但范仲淹担心修海堰的工作就此停滞，他便向朝廷请令，继续工作。朝廷恩准了他的要求。经过五六年的努力，泰州海堰终于修成。此后，泰州百姓便不再受海潮之害，过上了安居乐业的生活。而这海堰，也被当地人称为"范公堤"。

与当地方官仁爱一方百姓不同，宰相要为天下人负责，所以范仲淹在当参知政事的时候，这种对天下人的公心，就体现为施政的严格。庆历三年（1043），范仲淹派一批正直能干的官吏做按察使，到各地考察官员的政绩，将那些贪赃枉法和不干实事的官员统统撤职法办。和他一起推动庆历新政的好友富弼看到范仲淹如此严格，不禁有些担心，便劝道，你查处一个官吏容易，但是他那一家子可就都要哭了啊。范仲淹答道，我若不将这些官吏罢黜，恐怕就不是他一家哭，而是一方的百姓都要嚎啕大哭了。正是这种对天下人的仁爱之心，推动着范仲淹努力推行新政，然而可惜的是，范仲淹最终因得罪了那些大官僚而被贬黜。不过在被贬谪后，范仲淹并没有改变理念，仍旧一心为公。晚年的范仲淹在苏州任官，苏州是他的故乡，所以他想买一块土地，以便养老。于是他便在南园一带买了一块地，准备给自家盖房屋。盖房之前，他请风水先生来看。风水先生看后高兴地说，这块地风水很好，在上面盖了房子的人家，今后世代都会出大官。范仲淹听后立刻表示，若真是这样，好处不能让范氏一家独得。于是，他就把这块地捐出来，兴建了一座学堂，即苏州府学。

范仲淹的“公心”至死不渝。

三、读书养志以成才

范仲淹认为，士人家族最重要的事情就是教育子弟读书成才，只有如此才能兴旺家族进而造福天下。《范文正公家训百字铭》中有“勤读圣贤书，尊师如重亲”，即要求子弟要勤读诗书而尊师重教。

范仲淹自己的一生就是勤学苦读而成就大志的一生。范仲淹幼年时勤奋好学，为了能清净读书，在好几个寺庙里面清苦读书。后来他到应天书院求学，期间宋真宗路过应天府，为了营造与民同乐的氛围，宋真宗下旨，臣民可在“重熙颁庆楼”一起吃喝快乐三天。这个消息震动了整个应天府，男女老幼无不争去一睹宋天子的风采并享受佳肴。应天书院的众学子也都纷纷心动，全都跑出去参加活动。只有范仲淹一动不动，仍旧专心读书。同学们拽他去，范仲淹问，干什么去？同学说，天子来了，快去见圣上吧。范仲淹沉思片刻，答道，你们去吧，我还要念书。书念不好，学问不到，见到天子也没用。书读好了，学问到了，未来自然还能见到天子。于是范仲淹继续低头读书。几年后，范仲淹如愿金榜题名，最终见到了皇帝。

在为官之后，范仲淹仍坚持每日读书。据说他床榻的帷布上，总有一块圆形的黑黝黝的"墨迹"，即使换了新的帷布，过了一阵子就又会有新的"墨迹"。这其实并不是真的墨迹，而是范仲淹每天晚上上床后，还要坚持秉烛夜读一段时间，时间长了，灯焰就把帷布熏黑了。后来范仲淹的妻子在家教育孩子们勤学苦读，就常常以此为例，而他的孩子们知道父亲已经身居高位还如此刻苦读书，也就日益勤奋了。

范仲淹也要求自己的子侄们要苦读诗书。他在给子侄们的信中说："且温习文字，清心洁行，以自树立平生之称。当见大节，不必窃论曲直，取小名招大悔矣。"这是教育子侄们平常要踏踏实实地温习功课、认真读书，同时读书时不要妄发议论、好作翻案文章，而要看到书中的大智慧、大方向；另外，要树立道德理想，并使自己的心灵洁净、行为无亏。只有如此，才能成长为于百姓有用的人才。而在寄赠乡人的诗中，他也以自己为例，鼓励乡人勤读诗书："长白一寒儒，登荣三纪余。百花春满地，二麦雨随车。鼓吹前迎道，烟霞指旧庐。乡人莫相羡，教子读诗书。"他教导乡人不要只看到和羡慕自己现在的风光，而要知道这一切都是通过勤学苦读获得的，以此来劝导他们读圣贤书，进而再教育他们通过读

范仲淹帐前读书

书来端正志向，探寻为人处世之道，成为对他人、对社会有益的人。

范仲淹不仅重视族人的成才，也重视学生的成才。他在南都执掌府学期间，经常住在府学中，以便督促学子们努力学习。他给学生们设立了严格的时间表，规定何时睡觉、何时起床、何时吃饭、何时学习。同时经常检查是否有学生偷懒，若遇到回答说读书读累了才休息的，就要考问他读的什么书、有什么心得，若回答不上来就要予以责罚。当然，范仲淹对自己的要求更严格。他不但每天按时工作，而且每当给学生出题的时候（那时候的出题主要是写作文章），他自己都先写好一篇，以便和学生的文章相比较，能让学生更好地理解题目的意思。除了在具体学习上的督促外，范仲淹还注重对学生志向的引导，他常以“有忧天下之心”引导学生努力上进；同时鼓励他们，虽然每个人的禀赋不同，但只要努力，则“进可为卿大夫者，天人其学，能乐古人之道；退可为乡先生者，亦不无矣”。在他的督导之下，南都府学吸引了大批学子来学习，也为宋代造就了一大批人才。

可以说，读书立志以成才，不仅是范仲淹的家风，也是他对所有年轻人的教育理念。当然，范氏一族由此得益甚多，所以自宋代以后范氏在历朝历代都不乏德才兼备而足以名世者。

四、忧乐圆融以成仁

范仲淹以《岳阳楼记》一文名贯古今，而其中最令人赞叹的是“先天下之忧而忧，后天下之乐而乐”，集中反映了范仲淹忧乐圆融的思想。范仲淹为人耿直、直言敢谏，因此多次被贬谪，梅尧臣曾作《灵乌赋》劝他少说话，结果他也回作了一篇《灵乌赋》，强调“宁鸣而死，不默而生”。在范仲淹看来，士君子对苍生负有重要的责任，士君子应当忧愁的不是自己的贫苦卑贱，而应当是如何实现天下万民的安居乐业和国家的繁荣富强；在天下人忧愁之前就要为天下人而忧愁，在天下人都实现安乐后自己才享受安乐。这种忧愁也是一种自我实现的安乐。士君子可因着这忧愁而发愤图强，进而将自身所学运用到实践中去，以造福万民。这才能给士君子带来真正的安乐，不能如此，才是真正的忧愁。这便是范仲淹的忧乐圆融。范仲淹一生贯彻着这种理念，他的生活可以说皆是这种理念的体现。据说范仲淹每天睡觉前都要反思自己一天的所作所为是否对得起自己所得的俸禄，若觉得对得起便可以安寝，否则便夜不成寐。显然，他这不是因计较利益而睡不着觉，而是在忧虑自己的行为是否符合士君子的要求。符合，则安乐；不合，则忧愁。

范仲淹也是以此来教育自己家的子侄的，期望他们能不负士君子之名，而真正为家国天下做出一番事业。范仲淹在给子侄们的书信中说道：“京师少往还，凡见利处，便须思患。老夫屡经风波，惟能忍穷，故得免祸。”范仲淹叮嘱：为人一定不要见利忘义，如此才能免祸。因此，范仲淹认为应当让子侄们经受些忧患、贫困、艰难的生活，而“吾所最恨者，忍令若曹享富贵之乐也”。不经历过艰难困苦，就不会有真实的忧患感，而没有这种忧患感，就无法体察士君子的责任所在，也更无法真心实意地为家国天下去做贡献。一般人都想着给后人创造最好的条件，范仲淹却提倡让族人体验坚难困苦的生活，否则必定会被奢华冲昏头脑，而丧族败家。这种忧患精神是值得我们深思的。

如今，我们尤其需要学习范仲淹忧乐圆融的精神。在今日这个缺乏大追求而普遍追求小确幸的“小时代”，似乎没有什么值得我们终身忧虑的东西了，大家的忧愁只是生活中的不如意，这当然并没有什么错。但人生不足百年，如果没有做出一些超越自我的建树，必定也是有遗憾的，忧乐圆融的精神依旧有其时代价值。尽管如今已经不是战争频发的年代，但人们会遇到的不确定因素依旧很多，面临的挑战也会越来越大，我们需要这种忧乐圆融的精神去帮扶大众，我们需要这种精神去保持人生而为人的进取之心。范仲淹所倡导的忧乐圆融的精神，依旧是中华民族的优良品德之一。

范仲淹和范氏一族有数种家训传世，此处谨摘录《范文正公家训百字铭》《范文正公训子弟语》并简析如下，虽然这几篇并不是范仲淹亲自写的，但是在范氏一族中流传甚久，也是在范仲淹家风思想的基础上形成的。

范文正公家训百字铭

孝道当竭力，忠勇表丹诚。

兄弟互相助，慈悲无过境。

勤读圣贤书，尊师如重亲。

礼义勿疏狂，逊让敦睦邻。

敬长与怀幼，怜恤孤寡贫。

谦恭尚廉洁，绝戒骄傲情。

字纸莫乱废，须报五谷恩。

做事循天理，博爱惜生灵。

处世行八德，修身率祖神。

儿孙坚心守，成家种义根。

这段文字据说是范仲淹所作的家训，但实际成文情况已经难以确认，不过其中所蕴含的家风训诫，仍颇有价值。此文第一句以孝道和忠勇表达了对家庭、对国家的责任，即对父母要尽孝，对国家要尽忠。需要指出的是，古代的尽忠是对君主，是在三纲下的臣对君绝对的忠，而在现代再来看这句话，则一定要把它转化为对国家的忠，而不是对统治者的忠，才具有当代价值。第二句是讲兄弟之间要相互帮助，不可因财产等而生嫌隙，同时对同族之人也要有慈悲之心。第三句是讲为人一定要好好读书学习，古代读书指四书五经，在现在则不必局限在这个范围内，而是要扩充到所有人类精神世界的优秀资源；同时要尊重老师。第四句是讲和乡邻相处要谦恭礼让，不可以专横跋扈。第五句是讲对他人的态度，应该尊老爱幼、抚恤弱者。前五句主要讲人应该如何对待父母、兄弟、同族、乡邻、陌生人。第六句讲的是为人要谦恭谨慎、廉洁节俭，同时戒骄戒躁、去傲去惰。第七句是讲平时写字读书要珍惜纸笔，同时不能浪费粮食。第八句讲的是做事要因循天理，而不能胡作非为，同时应当博爱生灵。最后两句是总结前面的这些要求，认为如果能遵从家训所规诫的，就能使家族恩泽绵长。字数虽然不多，但被范氏一族世代所诵读、传承，其中勤俭持家、为人修身、关爱邻里、博爱万物、读书尊师等，皆是中华民族的优秀文化结晶，是具有普遍性和长久性的家风家训，值得我们现代人不断地学习和领悟。

《范文正公训子弟语》，这也是归在范仲淹名下，但其实是范氏一族后人编排而成的一组家风家训：

范文正公训子弟语

天理莫违，为人不易。居家莫逸，民生在勤。祖德莫烬，创业艰难。

家庭莫偏，易起寡端。闻电莫怕，不做恶事。奴婢莫凌，一栏是人。

兄弟莫欺，同气连枝。钱财莫轻，勤苦得来。妇言莫听，明理者少。

时风莫趋，易入下流。交友莫滥，须要识人。饮酒莫狂，伤身之物。

耕读莫懒，起家之本。奢华莫学，自取贫穷。妄想莫起，想亦无益。美色莫迷，报应甚速。待人莫刻，一个恕字。做事莫霸，众怒难犯。女婴莫溺，汝心安乎。淫书莫看，譬如吃砒。立身莫歪，子孙看样。果报莫疑，眼前悟出。降损莫惊，及早回头。淫念莫萌，怕有报应。暗室莫愧，君子独慎。国法莫玩，政令森严。祖德莫忘，子孙有用。父母莫忤，身从何来。子弟莫纵，害他一世。故旧莫疏，祖父之交。邻里莫绝，互相照应。本业莫抛，所靠何事。匪人莫近，容易伤生。正人莫远，急难可靠。非分莫做，受辱惹祸。官司莫打，赢也是空。盘算莫凶，食报子孙。意气莫使，后悔何及。贫穷莫怨，小富由勤。童年莫荡，蒙以养正。淫事莫藏，害尔子孙。言语莫尖，可以折福。讼事莫管，害人不浅。杀生莫多，也是一命。富贵莫羡，积德悠久。贫苦莫轻，你想当初。字纸莫弃，世间之宝。五谷莫贱，养命之原。

《范文正公训子弟语》较《范文正公家训百字铭》的内容更为细致和繁琐，除去一些不适用于现代的思想，还是有些训诫颇值得现代人注意和学习。“居家莫逸，民生在勤”，这句话突出一个“勤”字，指持家一定要勤劳，不可以怠惰，否则家庭必然会败落；“家庭莫偏，易起衅端”，这是讲处理家庭事务一定要秉持公心，家务看似私事，但其实涉及最难处理的家庭内部个体的关系问题，稍微不慎就会引发家庭矛盾，所以一定要秉持公心；“饮酒莫狂，伤身之物”，这是对饮酒的规诫，适量饮酒不仅是社交的必要，也是对身体有益的，但狂饮则会伤身，所以这里特别把它提出来规训族人。“待人莫刻，一个恕字。做事莫霸，众怒难犯”，这两句讲的是待人接物的道理，为人处世切忌刻薄和专横，否则会令他人记恨在心，终究会伤害到自身；“立身莫歪，子孙看样”，这是讲自己立身一定要中正，因为家长是孩子的榜样，上梁不正下梁歪，家长自身不端正就无法要求孩子走正途；等等。这篇家训一字一句中透露着范仲淹家风的余韵。范仲淹死后，其族人仍能够对其家风家训进行整理、传诵，可见范仲淹家风对其族人影响之深。

据《宋史·范仲淹列传》记载："仲淹内刚外和，性至孝，以母在时方贫，其后虽贵，非宾客不重肉。妻子衣食，仅能自充。而好施予，置义庄里中，以赡族人。泛爱乐善，士多出其门下，虽里巷之人，皆能道其名字。死之日，四方闻者，皆为叹息。"正是因为范仲淹自己德行纯正，又能严律家人，同时能行仁善于族人、士子、民众，所以在他死后，为天下人所赞颂，以至于有后人论宋朝人物，称"以范仲淹为第一"。本文所述他所留下的范氏家风，至今仍值得我们不断学习与借鉴。

（执笔：王　正）

第七日

苏轼：至言莫过于身教

在中国，几乎没有人不知道苏轼的《念奴娇·赤壁怀古》和他的《赤壁赋》，没有人不知道他是天才式的文学家。但是，就是这样一位才子，却一生坎坷，四处奔波。左迁，左迁，再左迁，四十几载，辗转迁移，疲于奔命。苏轼平生最大的灾难莫过于"乌台诗案"了，很多人认为，经过这一遭人生惨剧，苏轼要学会多几分世故圆滑，但是苏轼辞章风采更胜从前，道义长存之心也始终不变。后来，也是因为这副道义充盈的傲骨，苏轼被一贬再贬，十几年间从湖北到广东，从广东到海南，一直到六十三岁才得以北归。

垂垂老矣的苏轼写下其一生总结："心如已灰之木，身似不系之舟。问汝一生功业，黄州惠州儋州。"回首他的一生，有领悟，有旷达，有他一生引以为傲的诗歌，当然也有跨越荣辱的别样悲怆，但没有妥协，没有苟且，没有人之将死的委顿。那么，是什么成就了苏轼这样如中天之月般明朗的性情呢？这就不能不说他从小就身在其中，又通过自己的身教传于后世的苏门家风。

通观"三苏"（苏洵、苏轼、苏辙）的文章，其实直接谈教育的不多，更没有成文的苏氏家训。在苏家，父母教育儿女，更多的是一种体验性、伴随性教育。比如苏洵想让兄弟俩勤读书，不是通过三令五申，而是通过自己勤读，给他们润物无声的影响，进而给兄弟俩营造屋内万卷书、堂前千棵竹的优雅环境，两兄弟自然就把读书当成了人生中的头等乐事，而其他习惯的养成也多如此。苏轼更把这样的家风发扬光大，用在自己的儿子身上，从而形成了一套与众不同的苏门家风，真可谓至教无言。

一、利国泽民可忘躯

苏轼在写给自己好友李公择的文章中曾有这样的一句话："虽怀坎壈于时，遇事有可尊主泽民者，便忘躯为之，祸福得丧，付与造物。"这就是说，自己不管身处什么样的境遇，只要事情是利国利民的，自己就会去做，至于自己的得失，就由老天决定吧。他是这么说的，也是这么做的，不管身处庙堂之高，还是江湖之远，一生践诺如初。而这种为国为民的治世情怀，可以称为苏门家风中的第一训诫，在苏轼子侄身上都有极为深远的影响。

那么，苏轼这份为国为民的情怀从何而来呢？这还要从他小时候说起。苏轼十岁时，父亲外出游学，只有母亲照顾他们两兄弟。一天晚上，他陪伴母亲读书，只见母亲读了一段就把书放下，仰面叹息。小苏轼就问母亲什么事情如此叹息啊。母亲把书拿给他，原来那一段是《范滂传》。苏轼知道范滂是东汉末年正直的官员，他谏言皇帝惩办宦官，因此获罪。他慨然赴死，临刑前与母亲诀别时，范滂的母亲也为儿子为国为民的气节而骄傲，表现得大义凛然。小苏轼看着自己的母亲，问了一句："轼若为滂，夫人亦许之否乎？"苏母马上正色说："汝能为滂，吾顾不能为滂母

后赤壁赋　范曾

耶？”意思是，你要是要做范滂那样的人，难道我不能做滂母那样的人吗？苏轼听到母亲的鼓励，马上立誓，自己要做当世的范滂，为国为民不惧艰险，不惜此躯。而苏母也马上表示，若有这样的儿子，是做母亲的骄傲。

关于母亲的无言之教，还有一件事情让苏轼念念不忘，后来把它记录于《东坡志林》中。大意是说，母亲讨厌杀生，禁止家人捕杀在庭前树木上筑巢的鸟雀。后来，很多鸟雀都把巢建得很低，不再怕人。而在文章的最后，苏轼感叹：“苛政猛于虎，信哉！”从中可以看出，苏轼把母亲对待鸟雀的行为和国家对待百姓的行为做了类比，只要关爱百姓，百姓自然会和国家、官员好好相处，反之，苛政之下，百姓就要惧官如虎了。

苏母就是以这样日常的行为让苏轼立下恢宏的志向。后来，在王安石变法过程中，苏轼处处以国民为念，在朝堂上痛陈新法的得失，甚至不惜顶撞当时位高权重的王安石，直接指责皇帝独断专行的作风，毫无

苏轼像　[元] 赵孟頫

畏惧，这些都为后来“乌台诗案”中的政治迫害埋下伏笔。之后，调任外官，他爱民如子，处事也是多从百姓的利益出发，留下了非常好的口碑。

比如，他在杭州时，为了解决百姓的喝水问题，就疏浚水道，重建堤坝，后来成了与白居易所建“白堤”齐名的“苏堤”。更令人感叹的是，他在密州时，常亲自行至城郊考察百姓的生活情况，有时看到无主尸体，就会热泪盈眶，继而命人将其埋葬。他见到因为贫穷而被抛弃的孩子，就会把他们带回家中抚养，据说他一共收养过三四十个孤儿。可以想象，这些孤儿在苏轼家中与苏轼的孩子吃住一处，对苏轼的孩子们会是怎样的触动。这种为官就是为国家百姓谋福祉的作为，一定在苏轼几个孩子的心中种下了良知的种子。

而最难能可贵的是，他这种为国为民的精神，不因自己的处境而有所动摇。“乌台诗案”后，苏轼被贬到黄州。那时，他是戴罪之身，政敌环伺，处境非常凶险。一般人处于这样的境遇，一定是明哲保身。但是，他看到在当时的黄州，很多住在深山中的猎户樵夫会溺死初生的婴儿。这在当时甚至已经成了一种习俗。苏轼知道，人们之所以如此，肯定是迫于生计。于是，他亲自出面建议太守储备“劝诱米”，专以收养弃儿。同时，他身体力行成立救儿会，请当地知名的寺庙主持出面，向乐善好施之人募捐。苏轼这些“遇事有可尊主泽民者，便忘躯为之”的作为，为国为民，虽百死而犹未悔的决心，一定也让自己的孩子们看在了眼里，记在了心中。日后，儿子们步入官场，父亲所为必历历在目，这种无言之教，润物无声的力量，就会成为他们永恒的道德律令。所幸，事实也确实如此。

苏轼的长子苏迈，二十四岁时被朝廷任命为饶州德兴县县尉。上任之时，苏轼与儿子在江西湖口分别。临行时，苏轼赠送一方砚给苏迈，砚底刻有铭文两句：“以此进道常若渴，以此求进常若惊，以此治财常思予，以此书狱常思生。”意思是：用它来学习圣贤的道理要如饥似渴；用它来习写文章，要不停地进步；用它来记录和治理财务要时常想着给予他人；用它来书写狱讼公文要时时想着放人生路。

这是久经宦海沉浮的父亲对自己儿子的教育，一块常伴身边的砚台，寄托了父亲对儿子所有的希望，也凝结了苏门家风的精华。从表面来看，这是父子临别时的叮咛。其实，熟悉苏东坡生活的人知道，一块砚台不是简单的父子相送，而是苏家的家风传承。据说，苏轼十二岁时，有一天与朋友们玩耍，挖出来一块像鱼一样的石头，这块石头表面温润，色泽青碧，苏轼就想把它当做砚台。他试了试，石头却无法存水。正当扫兴之时，父亲苏洵对他说：“是天砚也，有砚之德，而不足于形耳。”这就是叫儿子要重视内在的德行，而不需过于看重外在的形式。父亲的一句话，让苏轼记了几十年。后来几经磨难，砚台丢失，直到他天命之年，砚台失而复得，他还把这段故事讲给儿子们听。这次赶上苏迈赴任，苏轼也以砚相赠，不正是对父亲的教诲遥远而又深情的回应吗？

苏迈当然知道父亲的苦心，他也没有辜负父亲的厚望，虽然自己在文学方面的成就没有达到父亲的高度，但也是为官清正，爱民如子，凡利国家百姓，必不惧艰险，忘躯而为。苏轼看到儿子的作为，当然也是非常欣慰，他在给自己的老朋友陈季常的信中说："长子迈做吏，颇有父风。"苏迈在任的德兴县更是将他列入名宦之列，并造有苏堂，以示对苏迈的怀念。到了后代，康熙版《德兴县志》记载，苏迈为人"文学优赡，政事精敏，鞭朴不得已而加之，民不忍欺，后人仰之"。这一评语，寄予了中国社会对于为国为民的高尚之士的赞誉之情，说明为国者国家不会忘记，爱民者民众自然爱戴。这是对苏轼教子成果、苏门家风最好的诠释。

二、"不合时宜"求真知

苏门家风的第二个重要训诫是求真知，就是求真务实。这也是苏轼一生为人处事的态度，这种态度他坚持了一辈子，有时甚至显得有点"不合时宜"，但这样的执着，却给苏门后辈们带了深刻的影响，是苏门家风的集中体现。

讲到苏轼的求真务实，人们最为熟悉的就是《石钟山记》中那句："事不目见耳闻，而臆断其有无，可乎？"这句话是苏轼当时对儿子苏迈说的，当时苏轼刚刚因"乌台诗案"被贬到黄州，但是每天仍然不忘教子读书。一次，父子俩谈起了鄱阳湖畔石钟山的来历问题，苏迈拿来《水经注》等古书，找到了很多关于石钟山命名的说法，苏轼觉得这些说法都不足信。苏迈还想再找更多的书本，佐证自己的观点，苏轼拦下了他。苏轼认为，这种以书本证明书本的做法，是非常不可取的。虽然石钟山究竟为什么叫石钟山，苏轼当时也没有给出一个肯定的答案，但是可以看出，苏轼即使不同意儿子的想法，也不会把自己的想法强加到儿子身上。这里其实也有苏洵的影子。苏洵教子，就很少说教。据说，当年苏轼与苏辙并不喜欢读书，苏洵看在眼里，不讲大道理，也没有一句呵斥、责骂，而是自己每天捧着一本书在兄弟俩面前读得津津有味。看到父亲如此，兄弟俩慢慢被书本吸引，逐渐把兴趣转向了课业。

送儿子上任之际，苏轼父子经过湖口，提起五年前的往事，欣然前往石钟山来一次实地考察。于是，在中国散文中有了一篇脍炙人口的杰作《石钟山记》。仔细阅读全篇，不难发现，苏轼与儿子考察石钟山，并不是简单的过程，而是经历了惊心动魄的波折。如文中所记：

> 至莫夜月明，独与迈乘小舟至绝壁下。大石侧立千尺，如猛兽奇鬼，森然欲搏人；而山上栖鹘，闻人声亦惊起，磔磔云霄间；又有若老人咳且笑于山谷中者，或曰："此鹳鹤也。"余方心动欲还，而大声发于水上，噌吰如钟鼓不绝。舟人大恐。

求真之心人人有之，有多少人希望自己被人蒙蔽，糊里糊涂地过一辈子？但是，求真之路一般极为坎坷，甚至充满凶险。而苏轼带着儿子勇往直前，苏迈看着父亲在湍流险峰中为了追求真知，战战兢兢携着自己的手前行，终于峰回路转，真相显现，这是一种怎样的震撼式教育体验。而由漂泊激流之中，若再联想苏轼的宦海沉浮，这教育意义就更为深刻了。

当是时，苏轼被贬黄州，但是如苏轼所料，王安石的变法正在走向穷途末路。他回想当年自己意气风发，在朝堂上直陈王安石乃至皇帝在变法中的不当行径，不正如这夜在激流险滩中颠簸，而为求世间一个真理吗？苏轼知道，一般人不求真务实，只是蒙蔽了自己，而身为人臣，如果也不求真务实，不敢犯险求真，那就是蒙蔽了国家，可怜了天下百姓。所以，面对新法，苏轼设身处地地从国家现实出发、从百姓实际考量，这不是简单的不囿于书本，而是不畏惧权势为国为民求真知了。从后来苏迈的为官品行中看出，他应该领悟了父亲这层用意。苏轼对求真务实的追求还不止这些，他接下来的人生，就向世人展示了另外一层求真务实的境界，对苏家子弟的教育也大有裨益。

有一次苏轼摸着自己的肚子问家人：你们说我的肚子里装的都是什么？有人说是才学，有人说是政见，有人说是诗文。而苏轼的爱妾朝云说，您肚子装的都是“不合时宜”的东西。苏轼听后哈哈大笑，从此把朝云引为知己。

一句“不合时宜”，道尽苏轼的性情与一生的际遇，也为苏轼的勇于求真加上了另外一条注解。勇于求真，最难的不是不囿于书本成见，不畏权势坚持自我，而是不被情感所困，不被自己的好恶所困，做到因事致理，务求真知。同时，苏轼的求真加上为国为民的志向，他的“不合时宜”求真知就不仅是为己求真，更是为国求真，为民求真。

为求真知，苏轼不因危难而畏惧，不因困厄而放弃，不因顺遂而疏忽，给儿子们留下了深刻的印象。这是一种言传身教式的家风流传，不是简单的言辞传于耳际，而是血脉通达身心。后人可以想象，苏迈抚摸着父亲赠送自己的砚台，读着父亲的《石钟山记》，那激流巨浪后的豁然开朗，留在记忆中的震撼该是多么深刻而持久。

三、此心安处是吾乡

从前面两个方面来看，苏轼对后辈的教育，主要是在治世、求学，而纵观他的一生，他给苏门后代乃至所有后辈学人，留下的最伟大的财富是他对待人生的态度。这一点，后来也传承到苏门子侄的生活当中，成为苏门家风中独具特色的洒脱、豁达的生命观念：此心安处是吾乡。这要从苏轼生命中的波澜说起。

1101年，六十四岁的苏轼终于可以北归。苏轼1094年被贬惠州，然后被贬儋州，在中国的历史上，这已经不是如范仲淹所言处江湖之远，而是处江海之远了。他是第一个被贬到岭南的文人，也是第一个踏上海南岛的大诗人。因为政治迫害的原因，苏轼从惠州再次被贬后，“士大夫皆讳与予兄弟游，平生亲友无复相闻者”。在那个通讯不甚发达的时代里，除了几个至亲，在大多数人的意识中，那个曾经名满天下的苏东坡早就归于尘土了。可谁能想到，这个经历了万里奔波、千重瘴气、百丈惊涛的苏东坡，他竟然回来了！

这真的是一个奇迹，要知道，对于很多人来说，政治生涯的结束就是生命的结束。比如王安石，在他推行变法时简直就像一往无前的巨型机器，精力旺盛至极。但是，一旦官场失意，变法遇阻，人很快就萎靡不振，以至于在宋神宗去世后的第二年，他就去世了。而在一般人的预想中，经历大起大落的苏轼，早就应该死去，而且应该死去好几回了。那么是什么让他能历尽波折又再次回归呢？这里不得不说苏轼积极乐观、超然豁达的心态了。这一点，尤其在他被贬惠州之后的七年中，起到了关键作用。而在这个过程中，子侄千里相随，尤其是三子苏过从惠州到儋州一直陪伴在父亲身边，体会最是深刻。

有两个物件可以让后人对苏轼在惠州的生活态度有个大概的估量，一个是荔枝，一个是酒。关于荔枝，苏轼留下了许多名句，其中最让人记忆深刻的当属《惠州一绝》：

罗浮山下四时春，卢橘杨梅次第新。

日啖荔枝三百颗，不辞长作岭南人。

岭南，当时是绝对的荒蛮之地，不要说文化，就是能与苏轼对话的人估计也并不是很多。但是，苏轼在这里过得却是怡然自得，诗中洋溢着轻快欢乐的情绪。对比当时岭南生活之苦，再看看这首轻快甜美的诗，就会知道，能吃出荔枝甘甜的不仅是嘴巴，还有能超越苦难的心灵。

第二个是酒。关于苏轼酿酒的故事很多。苏轼每被贬至一处，常能促进当地的酿酒产业的发展。比如，在黄州，他酿出了“蜜酒”；在惠州，他酿出了“桂酒”“松酒”“真一酒”“万家春”；到儋州，他又酿出了“天门冬酒”。他还为这些酒写了很多词，甚至还留下了制作秘方。《真一酒法》就记载：“岭南不禁酒，近得一酿法，乃是神授。只用白面糯米、清水之物，谓之真一法酒，酿之成玉色，有自然香味绝似王太驸马家碧玉香也。奇绝！奇绝！”苏轼把酒酿好，一边开怀把盏，一边讲述曾经与王公贵族、师友贤达们喝酒的故事，最后结以奇绝的赞叹之声，该是怎样的一种酣畅啊！甚至在苏轼去世之后，苏过几兄弟还是常会被人问

不可居无竹　严梅华

起，那些酒的酿造方子，苏过只好笑对：哪有什么方子，父亲只是好试验罢了！苏轼，这个中国历史上首屈一指的大诗人，穿着短衣，撸着袖子，在荒芜寂寥中造酒欢歌，活得潇洒恣意，有这样的父亲作为榜样，还有什么样的苦难是不能超越的呢？

然而，命运从来不因人的乐观而露出善意的笑容，苏轼在惠州刚刚站住脚，估计还没有喝够自己酿的酒，贬斥的诏书再次来临，将他发配琼州即今天的海南岛，后来继续被贬到了儋州。

接到圣旨之后，六十几岁的苏轼在给皇帝的奏折中写下了几句话："而臣孤老无托，瘴疠交攻。子孙恸哭于江边，已为死别；魑魅逢迎于海外，宁许生还。念报德之何时，悼此心之永已。俯伏流涕，不知所云。"从这段表述中，可以看出，苏轼这次被贬海南，是抱着必死之心的。在海南岛，"食无肉，病无药，居无室，出无友，冬无碳，夏无寒泉"。过得简直就是"六无人生"了。最为痛苦的是，初到惠州的时候，苏轼身边除了苏过，还有朝云，而被贬儋州时朝云已经去世，跟随他的只有苏过一人了。

到了儋州，父子俩人生地不熟，据说每天连一日三餐都难以为继。在这艰辛的时刻，苏轼超然于物外的达观心态再次起到了关键作用，在三餐无着的情况下，苏轼居然带儿子和他一起练习"龟息功"——以虚静抗击饥饿。这是一场精神与物质的较量，心态与环境的较量。苏轼又赢了。

后来，人们就看到了这样的日记：

吾始至南海，环视天水无际，凄然伤之曰："何时得出此岛耶？"已而思之：天地在积水之中，九州在大瀛海中，中国在少海之中，有生孰不在岛者？覆盆水于地，芥浮于水，蚁附于芥，茫然不知所济。少焉，水涸，蚁即径去，见其类，出涕曰："几不复与子相见。"岂知俯仰之间，有方轨八达之路乎？念此可以一笑。戊寅九月十二日，与客饮薄酒小醉，信笔书此纸。

从这一段，不难看出苏轼内心思想的挣扎，从开始的何时出岛，到后来明白天地在积水中，人人都是一只小蚂蚁的顿悟，读者会猛然感到，那个曾经泛舟赤壁之下，感叹沧海之一粟的苏轼又回来了。他的一颗心已然在精神上超越了物质对他的禁锢，实现了处世的超然。而后，他又写出了另外一段："已卯上元，余在儋耳，有老书生数人来过，曰：'良月佳夜，先生能一出乎？'予欣然从之。步城西，入僧舍，历小巷，民夷杂揉，屠酤纷然，归舍已三鼓矣。舍中掩关熟寝，已再鼾矣。放杖而笑，孰为得失？问先生何笑；盖自笑也，然亦笑韩退之钓鱼，无得更欲远去。不知钓者，未必得大鱼也。"

相较上一篇苏轼表现出在精神上的超脱，这一段写出了日常生活的温暖与自在。生于世上，人的生命就如苏轼所叹的沧海一粟。但是，不得不把生命寄予沧海的人，又有多少能够有沧海一般广阔的胸襟呢？苏轼能够在逆境中妙悟出通达人生的超然境界。想必苏过看到父亲如此，也会耳濡目染吧。他随着父亲一路走来，从必死的感伤，满眼凄凉的无助，再到忍饥挨饿，终于又见到父亲笑语盈盈，仿佛厄运一直在父亲的身边回旋，似乎只为成就一颗无比深沉而悠远的心。这该是一种怎样深切的教育啊，从后来的事实，也证实了这种教育的有效性，苏过也有这样的诗句流传于世：世间出世何由并，一笑枯荣等幻尘。

虽然，现在人们一提起苏家，主要想到的是苏轼父兄三人，但是深受祖父、父辈精神浸染的苏过，不论是书画还是诗文，其成就在时人眼中最接近其父亲，因此被称为"小坡"。他陪伴父亲的时间也最长，尤其在最艰苦的儋州岁月更是一直相伴左右，苏轼那种润物无声的不言之教，在他身上的体现自然也就最深了。人生飘忽不测，但是有这种家风的流传，定然能给人一份心境的安然。

四、天下没有一个不是好人

苏门家风中的待人原则也别具特色。人应如何对待他人呢？在苏轼所处的等级制极为分明的时代，社会的层级固化了人待人处世的方式，身处士大夫阶层的苏轼，对待他人却有一套特别的理论。这也对苏氏子弟的生活，有极大的教育意义。

苏轼曾经写给弟弟苏辙一封信。在信中，他说："我上可以陪玉皇大帝，下可以陪卑田院乞儿。在我眼中天下没有一个不是好人。"这句话，一方面体现了苏轼面对生活与人生时候的豁达圆融，另一方面也是告诫子侄们要以善待人。以善待人是一种人生真挚性情的表达，它包容人与人之间的差异性，是广义上的善良。从儒家思想传统上讲，它是一个士大夫以仁者之心爱人的圣贤领悟。同时，从佛学上讲，是圆通之后，朝向人与人之间朴质的温暖回归。在苏轼的眼中，人不会因身份、学识以及政见不同而有所区别，他总是用温柔而善良的眼光去打量世界，即使世界更多时候对他报之以冷峻的凝视。

苏轼从来都是以善待人，而不以恶意去揣度他人。最典型的例子，是苏轼曾经在深山中见到很多无主的尸体，多数人认为这些流落山间的死者多数是盗寇强人，即使他们已经是白骨累累也难得清白，因而多避而远之。但是，苏轼却认为，这些人应该是被生计所迫，无奈之下才逃亡山中，悲惨致死而无人收葬。于是，他让人安葬这些人，并且还写了碑铭作为祭奠。即使是对那些真正犯罪的人，苏轼也多是以善待之。比如，他在做杭州通判的时候，除夕之夜要值班提审犯人，在这样喜庆的日子里，面对牢狱中的犯人，他不是憎恶，而是怜悯。后来，还写了一首诗记录当时的心情：

除日当早归，官事乃见留。
执笔对之泣，哀此系中囚。
小人营糇粮，堕网不知羞。
我亦恋薄禄，因循失归休。
不须论贤愚，均是为食谋。
谁能暂纵遣，闵默愧前修。

苏轼这首诗，践行了“见不贤而内自省也”的圣人之教。父亲做官，对待犯人犹能如此，那么后辈自己看到这样的事迹，看到这样的诗句，在自己的生活中又当如何呢？再联系上文提到的苏轼赠送给苏迈的砚台，就

苏轼与庄稼汉

会明白，苏轼刻下的每一个字，不是对儿子的说教，而是对自己人生的总结。这样的善良教育，才是真诚的至善之教。在苏轼的善良中，还包含着我国古代士大夫阶层极为缺乏的平等观念。这一点苏过的体会最深。

在我国的古代社会，皇权至上，社会等级分明，所谓士农工商，三教九流，人与人之间有着一道无形的壁垒。苏轼不管是出身还是后来的成长，都深深浸淫在士大夫阶层，按理说，他不管是身居庙堂，还是独处陋室，都应该是谈笑有鸿儒、往来无白丁的。但是，据苏过的回忆，父亲并不是这样。在海南的时候，苏轼常常与当地的庄稼汉、小贩们闲谈，身后还跟着海南土狗“乌嘴”。那些人不要说读书认字，就连基本的文化常识都没有。苏轼曾和一个庄稼汉聊天，刚开始庄稼汉面对苏轼不知所言。苏轼说，咱们说鬼吧，你给我讲几个鬼故事。于是，鬼故事就讲开了。苏过回忆说，后来这个庄稼汉和父亲相处得非常好，甚至哪天父亲不去和他聊聊天，他就觉得身上不舒服。由此可见，这种平等待人的善良，可以让人与人之间的壁垒慢慢消除。而苏轼这种与人相处的风格，也慢慢融入苏家的血脉中，蔚然成风。受到这种家风熏陶的苏氏子弟，想必也会用朴质善良的心性与人相处、与世相处吧。

苏轼以及由他传承的苏门家风，并没有一本厚厚的家风文录，但是苏轼身体力行，把自己的一生当作教育的最好范本。所谓至教无言，说的就是苏轼吧。在我国几千年的历史中，人们总爱把苏轼的形象比作月亮，无论阴晴圆缺，一想到就是润朗光明的形象，见与不见都是透心的暖意。而苏门家风的传承，就如风拂月色，世间因此更为美好。

（执笔：肖　磊）

第八日

朱子：读书循理习礼义

朱熹，世称朱子，宋代理学家，儒学集大成者。他上承北宋周敦颐、二程（程颢、程颐）的学术，将“道学”（或“理学”）发扬光大。他注释的儒学经书，在元朝被确立为科举考试的标准，使儒学成为封建社会统治秩序的精神支柱，故有人将中国思想总结为“前有孔夫子，后有朱文公”。朱熹的思想，不仅吸收了北宋道学家的精华，还涉及各代儒家经典，全祖望在《宋元学案》中评价他“致广大，尽精微，综罗百代”。朱熹作为中国著名的思想家、哲学家、教育家，以他为代表的理学思想在中国社会、东亚各国乃至世界华人社会至今还有着相当大的影响。在仕途方面，作为一个有担当的士大夫，朱熹在朝堂直言不讳地指陈时弊；在地方任上则洗刷陋俗，革除乱政。由此他得罪了许多官僚，做官时间不长便被罢免，所谓“登第五十年，仕于外者仅九考，立朝才四十日”（在朝廷中才当了四十天的官）。朱熹死后，越来越多的人认识到他的价值。他不仅学识渊博、思想精深，在治家方面也可称为世人榜样，给世人留下了一系列育儿书信。朱熹的治家格言也非常有名，现在仍被许多人所尊奉，如：“读书起家之本，循理保家之本，和顺齐家之本，勤俭治家之本。”

一、读书起家之本

中国有一句古话，为许多家庭所传诵："忠厚传家远，诗书继世长。"大家族衣食无忧，要维持不致败落，自然需要诗礼传家；小家庭即便经济能力有限，也知道文化的重要性，耕读传家。诗书，代表着文化传承，代表着理性和教养。旧社会人们读书，不可否认有获得功名以跻身社会上层的需要，更是为了培养教养和德性，为家庭带来荣誉与幸福。朱子一生，以读书起家，以读书传家，以注书影响后世。

朱熹从小便喜欢读书。他父亲朱松是当时著名的饱学之士，十分注重孩子的教育。朱熹五岁便能读《孝经》，并在书上写下了"若不如此，便不成人"几个字。六岁的时候，他和一群小伙伴去河滩玩耍。其他小朋友要么蹚水，要么堆泥巴、抓小鱼，只有朱熹蹲在一片平整的沙滩上画着稀奇古怪的符号。朱松过来一看，大为吃惊，朱熹画的竟然是八卦。《周易》中的八卦号称最深奥的经典，朱熹六岁时便能研读，并且画出八卦的符号，可见他的聪敏和勤奋。因为勤于读书和思考，他常常会思考一些深奥的问题。当时人们朴素地认为天圆地方，地有四个边，年幼的朱熹就思考：天地之外又是什么呢？一间房子有四壁，墙壁后面有另外一重空间——那么天地边际之外呢？他苦思冥想，不得其解，差点都生病了。朱松看到劲头不对，便加以阻止，但这些"大问题"一直萦绕在朱子心头，最后才成就了他关于天理、太极的学说。

人生路上有三种导师：父母、师友和古人。朱熹幼年是不幸的，因为他的父亲朱松作为理学名臣，与朋友一起上书，激烈地反对秦桧、宋高宗等企图与金人议和以求暂时之安的勾当。这触怒了宋高宗和秦桧，于是一再受到贬黜，最后死在贬去饶州的路上。当时朱熹才十三岁。年幼丧父，少了很多来自父亲的教诲，这是一种不幸。但朱松对于朱熹十三年的教导，以及自己做人、做事的高风亮节，一直影响和鼓励着朱熹。朱松还在临死前，将儿子托付给自己最交心的几位朋友——五夫的刘子羽、刘勉之等人。刘子羽抚养和教育朱熹，视如己出；刘勉之把女儿许配给了朱熹。现在武夷山市的五夫镇，还有不少当时朱熹青年时期生活的遗迹。

除了自己的师友之外，朱松留给朱熹最宝贵的遗产就是读书。读书，即是以古人为师友。朱熹本来就性格深沉、心思缜密，是读书的好苗子。父亲既亡，朱熹开始博览古代经典，向古圣贤学习。他不仅熟读六经，还泛读百家，出入佛老。十八岁时，他书包里揣着一本大慧宗杲禅师的语录，按照里面的一些思路去答题，因此中了进士。由此可见朱熹的聪敏以及读书的效果。

朱熹读书并不是为了去获得科举的成功，以求升官发财，而是为了追求智慧和德性的提升。朱熹幼年时对于宇宙、人生的思考一直伴随着他读书的过程，为此他阅读了许多道教、佛教的著作。他中

少年读书图

举后被授予同安县主簿，仍然保持读书和思考的习惯。在赴任的路上，他遇到了对他思想的转型产生过重要作用的关键人物——李延平。李延平是二程的二传弟子，朱熹跟随李延平学习，渐渐地认识到儒家之道乃是人生的根本道理，他从道家和佛教转向了儒家。这时再读六经，朱熹感觉到越来越有味道，以前不明白的地方，也渐渐能理解得通了。

朱熹认为，对于家庭和国家来说，其稳定与发展的关键是人，是德才兼备的人；而想要人德才兼备，则需重视教育。因此他无意于仕途，一心一意地从事教育工作，参与民间书院的建设。在知南康军的任上，他有意振兴当地教育，修复了白鹿洞书院。为了抓好教学质量，他亲自任院长和导师，采取面向社会公开招募的办法吸引学生。当时的书院，不少是为了科举考试而兴办，但朱熹的教育目标则是要把学生培育成君子。他邀请了当时的名儒吕祖谦参与书院建设，又请陆九渊来讲学。陆九渊讲了《论语》的“君子喻于义，小人喻于利”一节，令当时的学生大为震动，由此可以看到白鹿洞书院的教学宗旨和质量。朱熹的儿子朱在，也非常重视父亲传承下的这一遗产，朱在任官此地时，进一步扩大了书院的规模。

吕祖谦、朱熹、张栻当时号称“东南三贤”，朱熹为了学问精进，常常与两人论学，而陆九渊也时常与朱熹互相辩难。他们的弟子们，也相互有交流。他们不仅共同致力于教育事业，还积极从事著述和出版。特别是朱子，穷其一生的精力来注释经典，他于《周易》有《周易本义》《易学启蒙》，于《诗经》有《诗集传》，于礼学有《仪礼经传通解》《家礼》，于史学有《资治通鉴纲目》，于文章学有《楚辞集注》《韩集举正》，于道教有《周易参同契考异》。为了方便学生学习，他与吕祖谦选编北宋理学家语录写成《近思录》，现在仍然是理学和儒学的入门书。据记载他临死的前三天，还在修改《大学》诚意章。他说注解《大学》时，每写下一个字，就好像在秤上称过一样，不容一分一毫的偏差。

历史上，以遍注群经著称的有两个人，一是东汉末年的郑玄，另一个就是朱子。郑玄影响了自东汉末年至唐朝的学术文化，朱子影响了自宋末至清代的学术文化。人们称赞郑玄“囊括大典，网罗众家”，称赞朱子“致广大尽精微，综罗百代”。这两个读书的巨人，以诗书传家，都有非常好的效果。《世说新语·文学》记载，郑玄家连仆从都十分有文化。有次一位仆人因为犯错顶嘴被推在泥地上，另一位仆人询问说“胡为乎泥中”（为何在泥地里），这位仆人则回答“薄言往诉，逢彼之怒”（想要申诉辩解，恰恰碰到他在气头上）。两个人都是引用《诗经》的句子来对答，郑玄举家的文化水平之高可见一斑。朱子则教导子孙说：“诗书不可不读，礼义不可不知。”他有首题为《观书有感》的诗非常有名：“半亩方塘一鉴开，天光云影共徘徊。问渠那得清如许，为有源头活水来。”这首诗以巧妙的比喻告诉后辈，古代的文化是我们的源头活水，也是每个家庭的源头活水。朱子自己所选编的书籍以及自己的著作，是全世界的文化遗产，更为他的家族所重视、保管和传承。

二、循理保家之本

人们都渴望自己的家庭和家族和谐美满，并且保持世代的繁荣，简言之，即是“保家”。保家并不容易。孟子说：“君子之泽，五世而斩。”在历史和现实中，能保持当世家族之繁荣不败，就已经很不容易了，更何况传之久远呢。朱熹对于如何保家有十分明确的观点：循理，保家之本。

这里的“理”，不是一般的道理，而是与朱熹整个理学学说联系在一起的天理。这个世界的运行背后有一定的秩序，人类社会和历史的发展也是如此，这就是天理。循天理，这样保家才具有意义。循理是保家之本，而伤天害理则是祸家之源。具体如何循理呢？朱熹的《家训》说：

> 君之所贵者，仁也。臣之所贵者，忠也。父之所贵者，慈也。子之所贵者，孝也。兄之所贵者，友也。弟之所贵者，恭也。夫之所贵者，和也。妇之所贵者，柔也。事师长贵乎礼也，交朋友贵乎信也。

它涉及传统社会主要的伦理关系“五伦”，即君臣、父子、兄弟、夫妇、朋友。其中有关家庭的伦理，是父子、兄弟、夫妇。家庭是社会的核心，君臣从父子引申出来，朋友从兄弟引申出来。他认为，能把君臣、父子、兄弟、夫妇、朋友这五种关系处理好，就基本达到了循理的要求，从而可以保家。

我们通过朱氏家族的几个故事，看看循理到底能否保家。

前面提到过，朱熹的父亲朱松，乃是当时的正直之臣。他的言行都循乎理。出于对国家和百姓义不容辞的责任，他反对绍兴和议，因而触怒了秦桧和宋高宗。他被贬为江西饶州知州，未到任病逝。朱熹当时还很小，他只好在临终前将其托付给好友抚养。看似是朱松因其正直，落得个被贬官、抑郁而死的下场，但也正是因为朱松的正直，才能交到真正的朋友，朱熹才能得到尽心的抚养和教育；也正因朱松是正直之臣，虽一时被贬，但于心无愧，世人最终也能知道他的清白，从而不会辱没先人，也不会让后代背上骂名。对于朱熹来说，朱松一直是他的精神宝库。反观秦桧，到现在还有跪像陪在西湖的岳飞墓旁，到底哪个才能保家，一目了然。

再看朱熹。他一生也是正道直行，光明磊落。当时朝政疲沓，周必大、杨万里等推荐朱熹为江西提刑，先入朝奏事。本来奏事可以写一些虚话，朱熹却认真地写了数道劄子（注：奏章的一种），其中第五道告诫

朱熹行旅课徒图 贺云峰

皇帝要正心诚意，使得宋孝宗极为不悦。这时王淮的党羽如林栗等趁机奏劾朱子，朱熹离开朝廷，往武夷山中继续教书。戊申岁，朱熹又接到任命，这时他向皇帝投递了一道奏疏，此即著名的《戊申封事》。在这里面，他直接指出皇帝“正心诚意”做得不够好，包括心不正、家不正、左右不正等。这样的奏折，不仅得罪了皇帝，也把许多权臣得罪了。好在皇帝并非昏君，一口气读完四十页的奏疏，非常震动，第二天命朱熹为崇政殿说书。但朱子知道其中艰险，便再三辞去了这个职务。此时，大宋的江山已经到了宋光宗赵惇手上。因为周围小人的挑唆，光宗与其父孝宗不和。又因皇后悍妒狠戾，残害其他妃嫔，导致光宗受到惊吓，精神倦怠。孝宗死时，光宗也不主丧。这就是家道不正带来的祸患。

光宗无意于帝位，于是“内禅”给宁宗赵括。此时是韩侂胄与宗室赵汝愚辅政。赵汝愚亲近道学之士，朱熹此时也被新皇帝提拔为焕章阁侍讲。他满心希望可以实施君主教育，以实现理学家的政治理想。然而赵括只是因初登基，欲利用朱熹道学宗主的地位来收取人望而已。及至地位稳定，他再也受不了朱熹对他讲的那些道理，并且讨厌朱熹对他的政令指手画脚。故联合外戚韩侂胄，将朱熹改派他职，调离京城。赵汝愚被贬谪到永州，经过衡阳时生病，并遭到韩侂胄爪牙的羞辱，含愤而卒。朱子并不因此而畏惧，他依旧读书、教学。然而更大的灾殃是当时许多人诋毁道学为伪学，指斥道学阵营的官员、学生为伪党，极力建言要禁绝伪学。这对于一个以正心、修身、循理的思想领袖来说打击更大。面对这些毫无道理的污蔑和攻击，朱熹用嘲讽的语气写了一道谢表，把罪行一股脑承担下来——这颇有名士之风，但这里面，也包含着愤懑与无奈。

庆元三年（1197），他学生兼好友蔡元定被贬官道州。此后，朝廷对道学的迫害达到顶峰。当时宁宗下令，官员的任职升迁都要申明不是伪学之人，参加秋试的学子必须在家状上注明“委不是伪学”字样。众多道学派系的官员遭到罢黜，有些为了自保甚至开始故意放浪形骸。十二月，朝廷开列了一份五十九人的伪逆党籍，此即“庆元党禁”。

当时有不少弟子劝朱熹解散精舍避祸，朱熹说：“然得某壁立万仞，岂不益为吾道之光。”这是何等的壮阔！其浩然之气，可比肩孟子。此后的朱熹，仍然著述、讲学不辍，直至庆元六年（1200）去世。

朱熹去世的时候，“庆元党禁”仍没有解除，似乎一生循理的朱熹让家庭陷入了危机，循理也无法保家。但我们看貌似胜利的韩侂胄等人，下场又是如何呢？韩侂胄为了证明自己的能力，草草北伐，最终失利。为平息金人的愤怒，韩侂胄被密谋杀害，首级被送给金人。朱熹虽被贬，但能淡泊处之，泰然面对，不改素志。世人终归认识到了他的诚正和思想的光芒。宋理宗即位，开始为朱熹平反，并使诸多道学家陪祀孔庙。朱熹的后代，也多遵循其教诲，人丁越来越兴旺。“循理保家之本”，岂虚言哉！

三、和顺齐家之本

大多人提到朱熹，提到程朱理学，会联想到“存天理，灭人欲”，会联想到“饿死事小，失节事大”，如果用来齐家的话，看似是“吃人”的压制。但是事实上，理学是严肃而不失活泼、正大而富于灵动的，在家庭的基本问题上也是如此。朱熹的“和顺齐家之本”可以作为代表。

首先我们看一下与家庭有关的“饿死事小，失节事大”。这句话不仅是针对家庭中的女性，对男子也是同样的要求。作为一个士人，要用严格的标准要求自己。讲信义，就是“节”之一种。或者说，“饿死事小，失信事大”正是“饿死事小，失节事大”的具体表现。如此，才能真正理解何为“失节事大”。当然，不可否认的是，古代的一部分人在具体强调这个道理时，往往以之要求别人而非自己——这正与理学家严于律己、宽以待人的精神相反；又有些人会专门在女性上强调这一点，便似乎这一条是专门为女性而设，便对理学产生了误解。

与之相关的便是寡妇再嫁问题。“饿死事小，失节事大”的具体语境，就是关于寡妇再嫁的问题。程颐家便有再嫁的事情。程颐的父亲程珦，他的堂姐嫁人之后不久丧夫，生活无着落，程珦便把堂姐及其子女接到程家照顾——并没有让其死守在夫家。堂姐的女儿后来嫁人，也不久丧夫，程珦便又将其接回来，然后寻找机会帮侄女再嫁。

有趣的是，朱熹选编的《近思录》，将“饿死事小，失节事大”和程颐关于父亲为侄女再嫁的追述选了进去。这说明朱熹本人也不反对寡妇再嫁。朱熹具体是如何做的呢？据记载，福建建阳县的某个家庭，丈夫不会经营家庭而穷困潦倒，妻子的娘家人便告到官府，要求离婚。县令判决离婚，朱子的弟子赵师夏不理解，觉得夫妇间不当因贫困而相抛弃。但是朱子的回答很开明，“这似不可拘以大义”，认为判离婚是可以的。“不再嫁”是一个比较苛刻的要求，对于老百姓来说，则不必如此严格要求。比如寡妇带着孩子，生活无着，那个时代，妇女很少具有独立经济来源，自然可以改嫁。但如果有人愿意守节，当然是值得尊敬的。

在现代社会，家庭中的“节”可以扩大到夫妻双方。婚姻是神圣的，是在双方自愿的前提下结合成的命运共同体。双方都有义务相互忠诚，相互尊重。因为性格、兴趣、观念等的差别，夫妻偶尔有矛盾，也是可以通过平等协商的方式来包容和解决。

朱熹在《家训》中所说的父慈、子孝、兄友、弟恭、夫和、妇柔，提倡家庭和顺。慈、孝、和、柔等都是柔性的而不是刚性的。狂暴之夫与悍妒之妇，对于家庭来说都是不可取的。朱熹本人就是一个威严而不失慈祥的父亲，他给儿子写信说：

> 盖汝好学，在家足可读书作文、讲明义理，不待远离膝下，千里从师。汝既不能如此，即是自不好学，已无可望之理。然今遣汝者，恐汝在家汩于俗务，不得专意。又父子之间，不欲昼夜督责。及无朋友闻见，故令汝一行。汝若到彼，能奋然有为，力改故习，一味勤谨，则吾犹有望。不然，则徒劳费，只与在家一般，他日归来，又只是伎俩人物，不知汝将以何面目归见父母亲戚乡党故旧耶？念之！念之！“夙兴夜寐，无忝尔所生。”在此一行，千万努力。

朱熹在这封信对儿子说，要送他去朋友那里接受教育是为了避免“父子之间，昼夜督责”。教育的本质是使孩子“成人”，这其中不免需要威严和督责，父子之间督责过多，未免伤情，所以古人有“易子而教”的做法。此信中，朱子对于儿子的温情跃然纸上。

朱熹也是一个好丈夫。他对自己的要求极为严格，反对当时官员士大夫的纳妾、狎妓等行为。朱熹是被父亲的友人抚养成人的，其中的刘勉之，将女儿嫁给朱熹，夫妻两人相敬如宾。朱熹妻子死后，他十分伤心，一直独身至老死。当然这里还有几个问题要澄清，所谓朱子纳尼姑为妾等传闻，完全是胡纮、沈继祖等人为污蔑朱熹所造的谣。为了实行儒家教化，朱熹曾在做地方官时勒令许多僧尼还俗。这大概给许多人夸大事实提供了空间。

朱熹一家也是和顺的典范，他育有三男五女。长子朱塾早夭，季子朱在后来任至提举两浙西路常平盐茶公事。孙子辈有七人。此后，朱子一支繁衍不绝。今日的朱氏宗亲联谊会，致力于推广朱子文化，在全球范围内仍相当有影响力。

四、勤俭治家之本

朱熹的一生是清贫的。其父朱松作为一个清廉正直的官员，没有留给朱熹留下什么良田美宅和金银珠宝。朱松死后，朱熹被送到五夫，由父亲的友人刘子羽照顾。朱熹在五夫的生活虽然还算优裕，但并非大富大贵之家。连他娶妻，都是他的岳父操办的。幼年的教育以及生活环境，使朱熹养成了勤劳、谨慎、俭朴的品质，并将之传承为家风。

考中进士后，朱熹的生活仍然不宽裕。他得到的第一个官职是同安县主簿，俸禄很低。他又不热衷于敛财，整个仕宦生涯“登第五十年，仕于外者仅九考，立朝才四十日”。宋代对待官员有一种特殊的制度，如果你不愿意从事繁杂的事务，可以委派你去管理一个地方的寺庙或道观。这是一种十分清闲的职位，但薪水也不高。朱熹不在乎这些，他调任这种官职后，把主要的精力都放到研究学问、教育学生上来。但他招收学生，也不是为了盈利或敛财，而是为了振奋士风、传承道统。

勤俭，并不仅仅因为经济的拮据，也是出于提升自身的需要，是一种修养的品德。《左传》载：“俭，德之共也；侈，恶之大也。”司马光在其家训名篇《训俭示康》中还专门引用这句话。朱熹更是将这种品德与天理联系起来。奢侈，意味着人欲的肆虐。朱熹说过一句有名的话：“饮食者，天理也；要求美味者，人欲也。”当然，需要辨别的是，“灭人欲”并不是消除我们的欲望，而是让我们克制不合理的欲望。其实孔子早就说过这个道理，人们一般的印象是儒家提倡厚葬，但《礼记·檀弓》中记载，子游请教孔子关于丧葬的用具时，孔子回答说“称家之有无”，就是要符合家庭的经济条件。对个人来说，过度追求物质的奢侈，会丧失斗志，妨碍对于高雅之事的追求；对于一个家庭来说，追逐奢侈，家庭就会出现经济问题，家庭成员也会出现纷争。

朱熹勤俭到什么程度呢？史书记载，他在武夷山中教书的时候，建造的武夷精舍，就是弟子们自己动手完成的。有位诗人在给朱熹弟子的诗中说：“闻说平生辅汉卿，武夷山下啜残羹。”可见生活之清苦。史书还记载，朱熹常常带着家人和学生一起吃“脱粟饭”，到茄子成熟的时候，就做成酱菜来吃。一般来说，“脱粟”是指仅仅去了皮壳，没有经过精细加工的粗米。在朱熹这里，应当是仅仅脱去皮壳的稻米。这脱粟饭，大概相当于糙米饭。今天我们觉得糙米营养丰富，但若将糙米饭作为主要乃至唯一的食物，是很难下咽的，一般是穷人家才只吃这个。朱熹却带着学生天天吃这个，不仅平时他这样吃，待客也是如此，他还因此而得罪了人。

朱子像

事情是这样的，有位叫胡纮的年轻人，听说朱熹名气很大，学问很高，便去武夷山拜访。朱熹用平时的食物来招待——自然就是与平常一样吃“脱粟饭”了。胡纮觉得自己没被重视，抱怨说，这个朱先生也太不懂人情世故了，我大老远来看你，你却只让我吃糙米饭。你在山里再穷，杀只鸡，喝杯酒总是能招待得起吧。其实他不知道，朱熹办武夷精舍，费用主要靠自己祠官的俸禄，当然不能随便拿酒拿肉出来招待。要知道，和朱熹颇为交好的辛弃疾，朱熹也只以煮豆子下酒来接待而已。然而胡纮并不理会这些。他离开后，十分忌恨，并借韩侂胄用事，排挤贤相赵汝愚，弹劾诬陷了朱熹。

朱熹不仅自己和学生非常俭朴，也教育子女要俭朴。他的择婿标准不是看对方的钱财和权势，而是观察其才能。这是儒家提倡的优秀美德。《论语》记载，公冶长坐过牢，但孔子知道公冶长是被冤枉的，本性聪明正直，所以把自己的女儿许配给他。我们前面说到朱熹遍注群经，唯独没注释《尚书》，因为朱熹确实没来得及注释，这个工作是由蔡沈作《书集传》来完成的；他的《仪礼经传通解》也没做完，这个工作是由黄榦完成的。这两个人，不仅是朱熹的学生，也是他的女婿。但他们当时都很穷困，尤其是蔡沈。有一次，朱熹去找蔡沈讨论学问，恰巧蔡沈不在家，女儿便招待父亲。当时蔡家十分贫寒，只有葱与小麦。女儿做了葱汤和麦饭来招待。新熟的麦子，尚软嫩可口；而已干燥的麦子，泡了蒸煮，并不那么好下咽。历史上就有人说，豆饭和麦饭都是穷人吃的东西。女儿家贫穷，只能做这种饭，十分羞愧，以至于流涕。但对于早已吃惯脱粟饭的朱熹来说，并不以为意。其实即使朱熹在家中吃的是珍馐，到了女婿家而吃麦饭，也不会介意，仍是要教导女儿和女婿安守本分、勤俭持家。朱熹当时就留了一首诗："葱汤麦饭两相宜，葱补丹田麦疗饥。莫谓此中滋味薄，前村还有未炊时。"葱汤、麦饭、脱粟饭、野蔬，都是滋味非常寡淡的饮食。朱熹教导子女只有淡薄的滋味才能长久不绝，勤俭持家才能长久。

我们通过以上故事，介绍了朱熹二十四字治家格言的具体内涵，也涉及了三百一十七字的家训内容。这些家训，可谓字字珠玑。在《家训》的末尾，朱熹说道："守我之分者，礼也；听我之命者，天也。人能如是，天必相之。此乃日用常行之道，若衣服之于身体，饮食之于口腹，不可一日无也，可不慎哉。"这是多么朴实而有力量的语言。朱熹的家族和后代，至今犹秉承这些家训。这对我们整个中华民族，也都是一笔宝贵的遗产。

（执笔：谷继明）

第九日

曾国藩：清慎勤敬养家风

梁启超评价曾国藩说：“岂唯近代，盖有史以来不一二睹之大人也已；岂唯我国，抑全世界不一二睹之大人也已。”毛泽东、蒋介石也都对曾国藩非常推崇。

从某种角度上说，曾国藩是王阳明之后的第一人，真正做到了在内圣功夫、外王事业上都有所建树。在内在的道德方面，他提倡程朱理学，不仅自己身体力行，还以之教导后辈，对近代以来宋明理学的复兴起到了开辟作用。在外在的事功方面，他在捍卫儒家传统的同时兴办洋务，将开眼看世界的事业在全国范围内推广。可以说，他在中国历史上是一位承前启后的重要人物，其自身修养之高、家庭教育之优良，一直为世人所称道。

纵观古今，凡达官贵人之家，大多好景不长，因其子孙会逐渐骄奢淫逸，从而导致家庭败亡。而曾国藩家族，近二百年间绵延至第八代孙，共出有名望的人才二百余人，如此长盛兴旺之家，在古今中外实属罕见。人们对号称“修身、齐家、治国、平天下，千古第一完人”曾国藩的评价或褒或贬、或扬或抑，但对曾氏家风，却是人人佩服的。曾氏家族之所以如此人才辈出，是与曾国藩良好的家风、严谨的家教密不可分的。

一、做事须用敬与勤

曾国藩认为，家风是为了使家庭风范优良，从而促进家庭成员的人格成长，进而有益于家国天下。所以，曾国藩对家中子孙训诫的目标是为了人的养成，而要想成为一个有德有才的人，最关键的一点是“敬”。所谓“凡人做一事，便须全副精神注在此一事，不可见异思迁”，就是说，一个人要做一件事，不可见到别的事情就转移精力，三心二意。

专心致志就是“敬”，这看似简单得很，却很难做到。曾国藩曾对子侄说：“读书不二，一书未完，不看他书。东翻西阅，徒徇外为人。”即读书一定要拿定一本书，从头到尾把它认认真真地看完，予以理解，然后才可以去看下一本书。只有这样，才算真正读了一本书。现代历史学家钱穆先生年轻时候读书，也是泛观博览，有时候随手拿起一段便读，后来看到曾国藩的这一番读书不可见异思迁的教训，才开始从头到尾读完一本书再读下一本，绝不两书并观。正是这一种读书方法，最终成就了钱穆先生的史学

曾国藩

大师地位。

然而，现在人做很多事情，很难做到专心致志。学习的时候想着玩乐，工作的时候想着玩，结果，该做的没做好，最后娱乐的时候也不能专心，难得尽兴。而只有学会专心致志，能贯注全部精力于一件事情，即做到“敬”，才能真正把事情做好。因为人的精力其实是非常有限的，这就好比一支军队，只有集中自己的兵力，用优势力量去歼灭敌人，才是真正的取胜之道，曾国藩的带兵之道即是如此。曾国藩组建湘军的时候，给自己制定的作战计划就是以守为攻，步步为营，绝不轻易进攻。但是清廷却屡次催促曾国藩，不得已之下，曾国藩只得仓促出兵。结果果然如他所料，他的第一次主动进攻就招致了惨败，不仅损失了数员湘军大将，他自己也在困窘中险些投水身亡。此后，他愈发坚定了稳扎稳打的策略。曾国藩将取胜的原因归结为自己所坚守的修养之道，而其中最重要的，就是我们这里所说的“敬”。

“敬”不仅对个人的人格养成非常重要，而且对家庭的繁荣延绵也极其关键。曾国藩对子侄说：“凡一家之中，勤敬二字能守得几分，未有不兴；若全无一分，未有不败。”指明了家庭应当恪守的原则就是“勤”和“敬”。“勤”就是勤勉，指的是各个家庭成员都要勤劳，对外要努力工作，丰富家庭的经济；对内要勤于家务，使家庭干净而美好。“敬”则既指上面所讲的专心致志之敬，也指敬爱，指各个家庭成员之间要相互敬爱，父子之间、夫妻之间、兄弟之间都要相敬相爱，这样家庭才会和谐美满。而“勤”这一点，也是曾国藩身体力行的一条准则。曾国藩一生坚持早起、写日记、读书、写家书，无论是赋闲的日子，还是居官期间，甚至带兵打仗的时候，都始终坚持。

曾国藩的勤敬更反映在他给自己设立的“日课十二条”：主敬——保持每日做每事都细致认真；静坐——每日静坐一小时；早起——每天早

起，且不赖床；读书不二——读完一本书再读一本书；读史——每天读点历史以作借鉴；日知其所亡——每日日记记录得失；月无忘所能——每月作文章提点自己；谨言——谨言慎行；养气——修养自身的正气；保身——养生；作字——坚持每天练字；夜不出门——杜绝夜生活。这十二条贯穿的就是“勤”和“敬”，而正是由于每日做这些工夫，曾国藩才能成为近代以来文韬武略、文武并成的第一人；而作为榜样，也使得曾氏子弟们发奋图强，皆有所成就。

曾国藩还在家书中总结，如果能做到勤和敬这两点，家庭就会兴盛起来；而如果这一点都做不到，家庭就会衰败。中国古代有“君子之泽，五世而斩”的说法，为什么这样说呢？因为在家庭开始发展的时候，成员们都相互敬爱、相互团结，而且勤劳节俭、做事专注，这样通过几代人的积累，就能使家族兴旺。而兴旺之家的后人，则在既有成果中，往往会忘掉勤勉，只知道享受不知道付出，这样就成了败家子。而这些继承者们，因为家人的宠爱和社会的尊重，也常会变得骄傲不逊，对他人缺少一份真诚的敬爱之心，只重视自己的利益，而忽视他人的幸福，最终就成了不孝之子。当一个家庭里有几个败家子、几个不孝之子的时候，这个家庭岂能不衰败呢？

曾国藩自己作为一个大家族的开创者，深知这个道理，所以他一直告诫自己的子孙后辈，越是兴旺之家越要做到勤敬，因此曾国藩在教育自己孩子的时候，一再指出，“凡功名富贵，皆有命定，半由人力，半由天事。唯学做圣贤，全由自己做主，不与天命相干涉”。为人最需要的是自身的修养，而修养的一个关键要守住勤俭的家风。“余服官二十年，不敢稍染官宦气习，饮食起居，尚守寒素家风，极俭也可，略丰也可，太丰则吾不敢也。”曾国藩以自己为例子教育子女，不可贪慕奢华、骄纵懒惰，要坚持勤苦节约的家风。

与勤敬相近，曾国藩还告诫族人："天下古今之庸人，皆以一惰字致败；天下古今之才人，皆以一傲字致败。"这是说，普天之下古往今来的平庸者，都是因为懒惰而导致失败；而普天之下古往今来有才能的人，都是因为骄傲而导致失败。曾国藩本人德才兼备，但他对自己的子侄说，自己一生历经挫折而终能成功，就在于不仅自知，而且善于知人，更能知人之所以成功、之所以失败。在这里，他将人们失败的原因归结为懒惰与骄傲，也是在警示族人，要注重"勤"与"敬"，切勿懒惰与骄傲。

曾国藩在家书上说，每个人都是可以成功的，虽然先天的资质可能不同，但只要通过后天的努力，就会有所收获。每个人最开始都是有志向、有理想的，但最后能真正实现者却寥寥无几，其中一方面固然有机遇的问题，但主要原因是个人的懒惰与自傲。资质一般的人，常常因为自甘平凡，做事懒惰，不思进取，这样根本就不可能成功。资质很好的人，常因为自高自傲，不可一世，结果或者不能再有所进步，或者走向了极端，而终究不能成功。

历史上这样的例子数不胜数。就有才的人来说，《伤仲永》这篇千古名文，清楚地道出了资质好的人失败的原因。方仲永少年天才，为亲友乡邻所尊崇，可他在家人不良的引导下，便自得自傲，不再学习和进取，结果到成年后，泯然众人。可见一个傲字，毁了多少有才者。要想有所成就，就要远离惰和傲，做到勤敬和谦恭。勤就是勤勉，敬就是努力，谦恭就是谦逊恭敬地对待他人，人能养成这几种德行，才能使自己不愧对此生命。

二、成人须读书养生

曾国藩认为："人之气质，由于天生，本难改变，唯读书则可变化气质。"曾国藩在写给后辈的家书中，常常教育子女和后辈必须重视读书，其原因，就在于这里所说的"变化气质"。我们现在理解的气质跟古人不同，"变化气质"在传统思想中有特殊的意义，从宋代理学家张载开始，这句话就意味着将含有恶的气质之性转化为纯善的天地之性的过程。也就是说，"变化气质"就是逐步消除人的可能作恶的因素，使人成为只为善而不作恶的贤人、圣人。曾国藩本身是服膺理学的，所以他对"变化气质"的这一说法是完全接受的。在他看来，"变化气质"的方法就在于读书。为什么呢？这里面的原因有两点。

一方面，通过读书的训练，可以使我们培养出认真、勤勉、踏实的处事态度。曾国藩在给后辈的家书中，曾对古代的读书法有一些简要的总结，如心到、口到、眼到，这可以培养人专心致志的习惯；如一书不读完不读下一本书，这可以培养人做事专一的态度；如读书要屋子干净、写字要端正，这是告诉后辈做事情要讲规矩、有节度；如对书籍要爱护、若有损坏要修补，这是告诉后辈要爱护东西、做事小心谨慎。后辈们在曾国藩的教导下大多能好好读书，不仅养成了好的习惯，也对生活和做事情有了好的态度。

另一方面，曾国藩还告诉后辈，读书其实是在和古今中外的圣贤对话。自己人生中的疑惑可以从书中获得解答或者至少是一些启发，还能感受到他人生活的苦乐而使自己的生命得到极大地丰富与提升，或者能为审视历史、了解社会、思考未来提供充分的养料。总之，读书为世人打开了一扇窗，世人可以通过读书向无数的师友学习，读书的益处是显而易见的。

正是基于以上两点，曾国藩认为只有读书可以“变化气质”，曾国藩在军务繁忙之际，犹定申、酉、戌、亥四个时辰温旧书，读新书，偿外债（指诗文债、字债），写笔记。同治元年（1862），他任两江总督，白天忙于军政事务，夜里仍温读诗文。他自道光十九年（1839）正月初一起写日记，至同治十一年（1872）二月初二止从未间断，数十年如一日。他不仅勤于读书，而且善于读书，深得要领，至于读书的方法，曾国藩指出，“读书之法，看、读、写、作，四者缺一不可”，“读书，第一要有志，第二要有识，第三要有恒”，即强调朗读、默读、抄读并举，坚持读书和选择好书并行。

对于人的成长来说，除了读书外，曾国藩还告诫族人要注重养生。曾国藩认为养生的目的不仅仅是生命的延长，更在于通过养生让自己培养优良习惯和处世美德，从而最终使自己的生命发挥更大的益处，以利于家国

曾国藩勤学图

天下。曾国藩还将自己总结的养生之道传予后人："养生之法约有五事：一曰眠食有恒，二曰惩贫，三曰节欲，四曰每夜临睡前洗脚，五曰每日两饭后各行三千步。"

曾国藩本人讲求养生之道，且颇有心得。虽然他仅活了六十余岁，但清朝后期人们普遍的寿命也不过四十多岁，且曾国藩一生劳累，为国事奔忙不止，大大损伤了身体，还长期患有皮肤疾病，所以他的寿命实在可以算得很长了。曾国藩给后人留的五条养生方法，其中不仅有养身的，更有治心的，身心兼养，正是曾国藩以养生培养德行的要诀。

这五种方法的第一条是"眠食有恒"，用现代话说就是生活要有规律，不可过无规律的生活。要真正有个好身体，首先是吃饭、睡觉、工作要有规律。为了某些外在之物过分地拼搏，其实是消耗自己的生命，很不值。这对于现代人来说更具有启发和借鉴意义。第二条和第三条是治心的。曾国藩认为身体健康其实很大程度是由心灵决定的。心灵健康，身体就会强健，否则，身体就会有不良反应。而心灵健康的两大敌人，一是贫念，一是欲望。贫念并不仅是被贫穷所困扰时的苦闷，更是指自卑、自暴自弃的郁结，这种念头很容易使人心灵沉沦，而身体也就跟着衰败下去。因此必须要戒除贫念。欲望是指过分的欲望，俗语说"酒是穿肠毒药，色是剜骨钢刀，财是惹祸根苗，气是雷烟火炮"，人们的欲望若不加节制，就是对自己的戕害、对自己的糟践。所以必须学会节制欲望。

第四条和第五条，是曾国藩养生的具体方法，曾国藩主张睡前洗脚和饭后散步。睡前用温水洗脚最适合放松心灵和温暖身体，而饭后散步也适合放松身心、强身益体。曾国藩告诫后辈需读书、善养生的家风家训不仅是曾氏一族宝贵的财富，也是中华民族的宝贵财富。

三、众人同心家长久

曾国藩认为，一个家庭的持久繁盛不是靠一两个有德有才者撑起来就够了，而是要靠一个家庭的所有成员的共同维护。“兄弟和，虽穷氓小户必兴；兄弟不和，虽世家宦族必败。”在曾国藩看来，一个家庭中兄弟之间能够和睦的话，即使穷困弱小的百姓之家也可以兴盛；而兄弟之间若不能和睦，那么即使是世家贵族也必定会衰败。

曾国藩的一生，可以说很好地诠释了《大学》里的“修身、齐家、治国、平天下”等条目。对自己，他以宋明理学来严格要求自己，做事谨慎细致，时时注意道德修养和人格提升。对家人，他讲求治家之道，对年幼者认真教育、常常督促，并留下了《曾国藩家书》。对朋友，他肝胆相照，倾力结交，拥有一大批良师益友。对国家，他忠心耿耿、尽职尽责，既忠于本民族的文化信仰并努力使之得到延续，同时又为了强国而大力推进洋务运动。所以，曾氏一门的兴旺可以说是由他一手造就的，但曾国藩并没有因此而迷信伟大人物的作用，而是深知治家并非一己可成，要靠所有人的齐心合力。

曾国藩一家是湖南的名门望族，而他们兄弟也个个具有才干，且各有所长。曾国藩是家里的老大，下面还有四个兄弟：老二曾国潢，是主管曾家内部事务的人才，曾家整个家族的家务基本都由他打理；老三曾国华，在湘军第一猛将李续宾手下为副手，阵亡于安徽三河；老四曾国荃，是曾家仅次于曾国藩的人才，是中国近代外交史上的重要人物；老五曾国葆，也是湘军的重要将领，参加了一系列大战，最后病死在南京城下。对这些

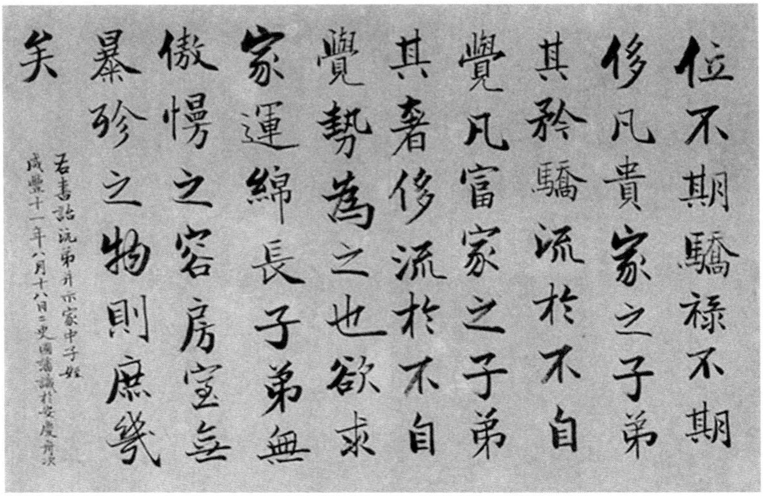

位不期驕祿不期侈凡貴家之子弟其於驕流於不自覺凡富家之子弟其奢侈流於不自覺勢為之也欲求家運綿長子弟無傲慢之容房室無暴殄之物則庶幾矣

右書諭沅弟并示家中子姪

咸豐十一年八月十八日三更國藩識於安慶行次

曾国藩致弟弟曾国荃及家中子侄辈的书信

有才干的兄弟，曾国藩以谦让来团结他们，从而使得家族兴旺，而弟兄们也都各得其所。

其实他们兄弟之间也不是没有纷争。在曾国藩还在北京做官的时候，有一次曾国藩的父亲给他来信，向他诉苦说，他的几个兄弟都闹着要外出求学，而这会大大加重家庭的负担。曾国藩没有像一般的兄长那样埋怨弟弟们给家里添麻烦，而是写信劝慰父亲说，弟弟们要出外求学，这是有志向的表现，而且对他们的成长也是有益的，我愿意负担兄弟们的花费，毕竟兄弟和睦是家庭长久的基础。可以看到，曾国藩对兄弟们的尽心付出，所以他的兄弟们后来也团结在他的身边，一起做了一番治国安民的大事业。

还有一次，在镇压太平天国期间，曾国荃来找曾国藩谈心，给曾国藩提了很多意见。其中最重要的，是说曾国藩过于严肃和喜欢教训人，结果弄得兄弟之间总显得不是太亲密。曾国藩不但没有驳斥，反而仔细倾听，并答应之后加以改善。兄弟之间的关系并没有因为分歧而闹僵，反而更和睦了。不过，曾国藩对待兄弟也是有原则的。同样是曾国荃，在他攻下天京（太平天国的首都）后，生活变得奢侈起来，为人也显得傲慢无礼。对此，曾国藩写信斥责，劝他去除享乐之心，好好思考为官、为人之道。由此我们可知，曾国藩的和，是兄弟之间要坦诚相待，情感上没有隔阂，思想上可以自由交流，而在大是大非上，仍要坚持基本的为官、为人之道。

曾国藩清楚，明是非、知善恶是家庭和睦的基础。当曾国藩平定太平天国后，他的声望和官威达到了极致，因此他的兄弟和族人在故乡开始大兴土木、广建房产。对此，曾国藩对兄弟们和族人给予了严厉斥责，并叫停了他们的这种行为。他指出，官职越高越要小心谨慎，不可自鸣得意、铺张奢侈；否则既会让他人有机会诽谤自己和家族，也会让自身丧失良好的德行。可见，只有曾国藩这种在明白是非善恶基础上的和睦才是真的和睦。

曾国藩进一步指出，“凡家道所以持久者，不恃一时之官爵，而恃长远之家规，不恃一二人之骤发，而恃大众之维持”。一个家族得以生生不息的原因，不在于能出一两个显赫的官员，而在于能有长远的家规；不在于能有一两个奋发的成员，而在于家庭成员都能用心维持它。

曾国藩说的这番话，当然有其时代背景，当时仍旧是传统的大家族时代，几代人常同居一个屋檐下，所以如何让家族成员共同为家族的兴旺而努力是很重要的。曾国藩提出“家规”和“团结”两点，认为这是大家族长久保持的根本条件。至于家族里能不能出一些名人，并不重要。尽管现在这种传统的大家族已经很少了，但是对于我们目前的小家庭来说，曾国藩的话仍然有借鉴意义。

曾国藩告诫后辈，一个家庭至少要有一些基本家规，来作为家庭成员都必须遵守的原则。如果三代合住的话，那么成员之间必须礼貌相待，理性做事，长辈要宽容，晚辈要谦逊，否则家庭关系就难以处理好。即使再小的家庭也要有基本原则，这种原则就相当于传统的家规，这是家庭得以长久兴旺的基础。

另外，家庭的稳定也要靠所有家庭成员的努力，如果仅有一些人的维持，而另一些人去拆台，那也不可能长久兴旺。夫妻关系不用说，必须双方共同努力才能维持。三口之家也是，父母不仅要呵护孩子的健康，也要维护孩子的尊严，这样孩子才不容易产生逆反心理，家庭的和睦才不会出问题。三代一起的家庭更是如此，公公婆婆、岳父岳母中如果有任何一方不满之心很重的话，也会导致家庭的分裂。所以任何一个家庭，都需要所有家庭成员的悉心维持，才可以长久稳定，否则必将走向分崩离析。可见曾国藩对“众人同心”的重视。

我们现在的小家庭越来越容易出现问题，或是离婚率越来越高，或是孩子离家出走，或是为了财产等纷争不已。其原因就在于大多数家庭没有一些基本的家规，家庭成员的凝聚力也不足，结果失去了家庭成员维护家庭的力量。所以，我们需要重温曾国藩的训诫，了解家庭原则的重要性，了解每个人对家庭的义务，这样我们才能经营好自己的家，才能真正体验到家庭带给我们的那份宁静、安详和舒适。

四、交游处事须慎之

经营好一个家庭不仅对内要求和睦，同时要注意处理好对外的关系。这里面最重要的，就是家庭成员交友一定要谨慎，切不可引狼入室。所以在曾国藩的家风家训中，特别提出要重视朋友。曾国藩认为，人“一生之成败，皆关乎朋友之贤否，不可不慎也”。将朋友上升到关乎个人一生成

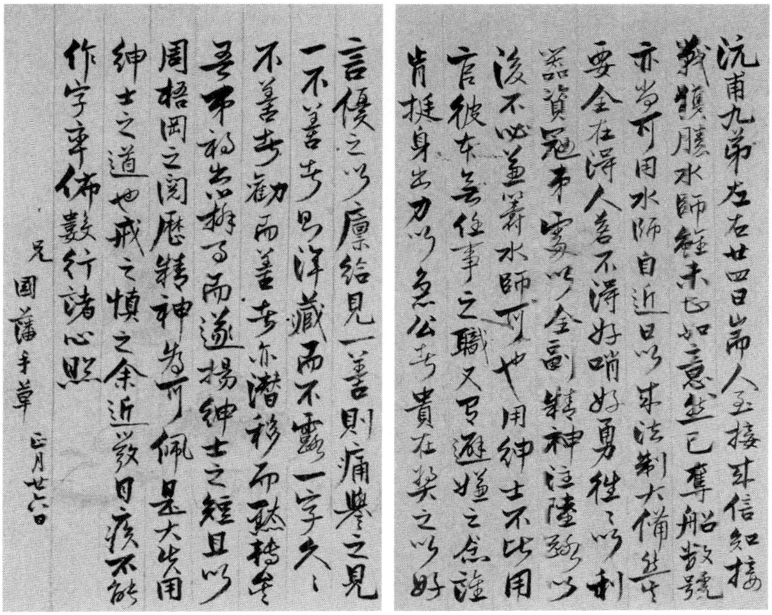
沅甫九弟左右：廿四日專人至，接來信，知接戰獲勝，水師雖未必如意，然已奪船數號，亦尚可用。水師自近日以來，法制大備，然要全在得人。若不得好哨、好勇，往往以利器資寇。本處以全副精神注陸勇，以後不必兼籌水師可也。用紳士不比用官，彼本無任事之職，又有避嫌之念，苟肯挺身出力以急公者，貴在獎之以好言，優之以廪給，見一善則痛譽之，見一不善者則渾藏而不露一字，久久而不善者勸而善，善者亦潛移而默轉矣。吾弟能出以揭而遂揚紳士之短，且以周梧岡之閱歷精神尚可佩，是大非用紳士之道也，戒之慎之。余近數日疾，不能作字，率佈數行，諸心照。
兄 國藩手草 正月廿六日

曾国藩家书手迹

败的高度，交友的好坏不仅与个人有关，而且对家庭的发展也有重要的影响。

我们可以看看曾国藩都有哪些朋友。在钱基博先生的《近百年湖南学风》一书中，记载了以曾国藩为中心的一批良友，如左宗棠、胡林翼、郭嵩焘、王闿运等，或是镇国名将，或是外交名家，或是学林巨匠。曾国藩和他们结交之时他们大都尚未出名，但都已经显示出特殊的风采，正是有了这样一批各有所长的朋友，曾国藩得以组建湘军，并推行洋务运动。而也正是这些朋友，或日后成为曾氏子孙的老师，或为曾氏子孙的发展提供了宝贵机遇。因此可以说，曾国藩和曾氏一族的成功，离不开这些朋友们。

其实，曾国藩和这些朋友们之间也并不是毫无波折的，如王闿运，就和曾国藩闹过大别扭，但是曾国藩始终尊重他的才学能力。而左宗棠更是鲜明的例子，镇压太平天国运动后，因政见不同，曾国藩与左宗棠在政治见解上几乎可以说是分道扬镳了，但是两人对对方的人品和能力都是肯定的，当时朝廷要平定西北叛乱，曾国藩还大力推荐和支持左宗棠去平定西北之乱。可以说，在曾国藩看来，交友并不是私利之交，而是人品之交、才学之交、性情之交。也正是由此，他能真正交到一批志同道合的朋友，共同为天下做一番轰轰烈烈的事业。

相应的，一个人与其家庭的衰败，也与他的朋友有很大关系。如湘军的死敌太平天国，太平天国兴于洪秀全，但败根也种于洪秀全。太平天国运动之所以失败也与洪秀全交友不慎有关。太平天国著名的五王中，南王冯云山、西王萧朝贵早死，可以不论。另外的三人中，东王杨秀清是个居功自傲而目中无人的人，他甚至用残忍的手段来排除异己；而北王韦昌辉更是个势利的卑鄙小人，他没什么真才实学，只靠着曾资助过洪秀全，并能讨好洪秀全才得居高位；唯一有能力的翼王石达开，缺乏政治头脑，更多的是血气之勇。这样的队伍，埋下了太平天国内乱的伏笔，在东王、北王相继被杀，石达开远走四川之后，太平天国的人才日益匮乏，最终走向了覆亡。

可见，一个人所交的朋友，真能使个人和家庭的发展轨迹发生巨大的变化。那么如何甄别朋友的好坏呢？孔子有言："益者三友，损者三友。友直，友谅，友多闻，益矣。友便辟，友善柔，友便佞，损矣。"即有益的朋友有三种，有害的朋友也有三种。同正直的朋友交往，同诚信的朋友交往，同博学多闻的朋友交往，这是有益的；同好谄媚的朋友交往，同当面恭敬而背后诋毁自己的朋友交往，同夸夸其谈的朋友交往，则是有害的。曾国藩也是领会了孔子的交友精神，才会在其家风家训中如此强调交友的重要性。

曾国藩对家风的养成有深入的体会和丰富的认识，他曾总结自己的家训："吾教子弟不离八本、三致祥。八者曰：读古书以训诂为本，作诗文以声调为本，养亲以得欢心为本，养生以少恼怒为本，立身以不妄语为本，治家以不晏起为本，居官以不要钱为本，行军以不扰民为本。三者曰：孝致祥，勤致祥，恕致祥。"归结起来，就是"清、慎、勤、敬"四个字。以清行居官、行军之事，以慎待对立身、养生，以勤用于读书、作诗文，以敬对待养亲、治家。而由此四者养成人格、形成家风，这便是曾氏一族得以繁盛绵长的精髓。

（执笔：王　正）

第十日

梁启超：知、情、意以成人才

梁启超是中国近代著名的政治家、思想家、教育家。他是戊戌变法中仅次于康有为的人物，是讨袁运动的实际指挥者，是中国近代立宪活动的推动者与策划者，可以说他是中国近代史上足以与孙中山、康有为并肩而立的人物。而同时，他的学问贯通中西，融会古今，不仅整理、传承中学，而且译介、引入西学，同时其学问博通于文学、历史学、哲学、法学、政治学、社会学等诸多学科，并且是推动中国近代学术转型的重要人物。更为难得的是，梁启超还是一位教育家，他先后任教于多所大学，尤其以清华大学国学院的四大导师之一而闻名天下。

不过，最值得钦佩的，是他在繁杂的政治、学问、教学之余，还能治家，不仅使梁家家庭和睦，而且把九个儿女培养成为德才兼备的人。可以说，梁启超和梁氏一门，在中国近现代史上，具有举足轻重的地位。我们读梁氏家风，不仅是走进一位伟人的心灵，而且是走进一个伟大的家庭。尤其需要指出的是，梁启超身居古今中西之变的巨大漩涡之中，他在教育子女时也面临着古今中西教育理念的争斗，这在他的一些家信中即有反映。但是，梁启超凭借着他对中国传统文化的深刻理解和对现代社会的充分思考，使梁氏的家风家训在很大程度上实现了传统家风家训的现代化传型，所以它既有传统的尊崇礼法与人格的风骨，又有现代的自由独立与人格平等的精神，因而对我们今日重新理解与建设家风具有重要的借鉴意义。

一、“人人发挥其个性之特长”

梁启超曾说，“我生平对于自己所做的事，总是做得津津有味”，“我是个主张趣味主义的人”，所以梁启超教育子女并没有采取强迫的方式，而是因材施教，依顺每个孩子各自的天性而发展之。

梁启超曾在家书中回答梁思成的问题道：“思成来信问有用无用之别，这个问题很容易解答，试问开元天宝间李白、杜甫与姚崇、宋璟比较，其贡献于国家者孰多？为中国文化史及全人类文化史起见，姚、宋之有无，算不得什么事；若没有了李、杜，试问历史减色多少呢？我也并不是要人人都做李、杜，不做姚、宋，要之，要各人自审其性之所近何如，人人发挥其个性之特长，以靖献于社会，人才经济莫过于此。思成所当自策厉者，惧不能为我国美术界作李、杜耳。如其能之，则开元、天宝间时局之小小安危，算什么呢？你还是保持这两三年来的态度，埋头埋脑去做便对了。”这是梁启超1927年在一封信中对梁思成的回答。当时，梁思成在宾夕法尼亚大学已经学习了三年，他觉得自己每天只是画图绘制、做匠人事，不符合自己当年的理想，更不能对多灾多难的中国有所贡献。梁启超则用回信的方式指出：一方面，有用无用不应仅从当下的事功看，所谓有用，既有当下事功的，也有长久文化的。他用李白、杜甫与姚崇、宋璟作比，李、杜对唐代的兴衰可能并无影响，但在一千余年的中国文化里的价值，却远比唐代的贤相姚崇、宋璟重要。另一方面，他告诉梁思成要安

心读书，要通过学习使自己的天性、特长得到最大限度的完善与发展，只有这样，才是对国家的真正贡献。在这里可以看到，梁启超将传统家风和当时的社会要求进行了融通。一方面埋头苦干、安心读书是传统士人的优良美德，梁启超对此予以继承；而另一方面，强调文学艺术的独立性和它们对社会的独特与重要贡献，则是梁启超摆脱了传统“学而优则仕”的以为官从政为最高价值的认识，因而他能肯定李、杜的价值要高过同时期的大政治家，从而认可并鼓励梁思成去学建筑设计学。

梁启超认为，兴趣对一个人求学起着关键的作用。梁启超在女儿梁思庄考入加拿大麦基尔大学后，曾经写信给她，希望梁思庄学生物学，他认为这是未来世界极重要的学问，可以贡献于人类社会。“我很想你以生物学为主科，因为它是现代最进步的自然科学，而且为哲学社会学之主要基础，极有趣而不须粗重的工作，于女孩子极为合宜，学回来后本国的生物随时可以采集实验，容易有新发明。截到今日止，中国女子还没有人学这门，你来做一个‘先登者’不好吗？还有一样，因为这门学问与一切人文科学有密切关系，你学成回来可以做爹爹一个大帮手，我将来很多著作，还要请你作顾问哩。不好吗？你自己若觉得性情还近，那么就选他，还选一两样和他有密切联络的学科以为辅。”但是梁思庄并不喜欢生物学，加之麦基尔大学的生物学也不是太好，所以梁思庄始终无法对生物学提起兴趣，她就把自己的苦恼写信告诉了梁启超。对此，梁启超并不强求，还安慰梁思庄道："凡学问最好是因自己性之所近，往往事半功倍。你离开我很久，你的思想近来发展方向我不知道，我所推荐的学科未必合你的适，你应该自己体察作主，用姐姐哥哥当顾问，不必泥定爹爹的话。"得到了梁启超的宽慰和首肯，于是梁思庄转而学文。梁思庄后来在麦基尔大学获得了文学学士学位，之后又到美国哥伦比亚大学图书馆学院，获得了图书馆学士学位。1931年回国后，她先后在北平图书馆、燕京大学图书馆、北京大学图书馆等图书馆工作。为我国现代图书馆学的建设呕心沥血，并终有成就。1980年，她以卓越的贡献当选为中国图书馆学会副理事长。她一生能有此成就，与梁启超注重发挥特长的培养理念是分不开的。

事实上，在梁启超这样的教育理念下，梁启超的九个子女，个个都是学有所长的人才。大女儿梁思顺擅长诗词和音乐，所编《艺衡馆词选》是近现代词学的名著。大儿子梁思成是著名建筑学家，是我国古建筑研究的先驱和现代建筑学建立的奠基人。二儿子梁思永是著名考古学家，于1948年当选为中国科学院第一届院士。三儿子梁思忠毕业于美国西点军校，曾任炮兵上校，后因病早逝。二女儿梁思庄成为图书馆学一代大家。四儿子梁思达长期从事经济学研究，抗战时期曾在重庆中国银行总管理处任职。三女儿梁思懿主要从事社会活动，是"一二·九运动"的学生骨干，后曾任第六届全国政协委员。四女儿梁思宁，早年即投身新四军，成为真正的"老革命"。五儿子梁思礼是著名的火箭控制系统专家，1993年当选中国科学院院士。梁启超的这九个子女所从事的行业皆不相同，但都有所建树，这正是梁启超践行自由发挥个性的教育理念的成果。

而梁启超听从孩子发挥个性而成长的教育理念，也得到了梁氏后人的继承，梁思庄的女儿也就是梁启超的外孙女吴荔明就深得其益。梁思庄十分尊重吴荔明的意愿，让她学习了城市设计专业，吴荔明退休前是北京大学城市与环境学院的教授。她在总结梁启超的教育理念时指出："在20年代风云变幻的中国，公公梁启超始终注意把握孩子们的前途，他以自己超人的智慧、广博的知识和卓越的远见，对孩子们进行言传身教。公公对孩子们的前途都有周密的考虑，他精心培养每一个心爱的孩子，不仅努力培养他们成为有学问的人，还要他们成为有高尚品德、对社会有用的人。公公希望孩子们充分享受人生的快乐，但他不强求孩子们都和他一样，而是相信孩子们最终将走自己的路！"的确，悉心的教育和充分的信任，正是梁启超家风的核心所在，也是最值得我们今日仔细体会与感悟的。

二、"莫问收获，但问耕耘"

了解一个人的特长之后，又当如何发展特长而使其成才呢？在前文提到的1927年的那封信中，梁启超对梁思成说："你觉得自己天才不能负你的理想，又觉得这几年专做呆板工夫，生怕会变成画匠。你有这种感觉，便是你的学问在这时期内将发生进步的特征，我听见倒喜欢极了。……凡学校所教与所学总不外规矩方圆的事，若巧则要离了学校方能发见。规矩不过求巧的一种工具，然而终不能不以此为教、以此为学者，正以能巧之人，习熟规矩之后，乃愈益其巧耳。不能巧者，依着规矩可以无大过。……今在学校中只有把应学的规矩，尽量学足，不唯如此，将来到欧洲回中国，所有未学的规矩也还须补学，这种工作乃为一生历程所必须经过的，而且有天才的人绝不会因此而阻抑他的天才，你千万别要对比而生厌倦，一厌倦即退步矣。至于将来能否大成，大成到怎么程度，当然还是以天才为之分限。我生平最服膺曾文正两句话：‘莫问收获，但问耕耘。’将来成就如何，现在想他则甚？着急他则甚？一面不可骄盈自慢，一面又不可怯弱自馁，尽自己能力做去，做到哪里是哪里，如此则可以无入而不自得，而于社会亦总有多少贡献。我一生学问得力专在此一点，我盼望你们都能应用我这点精神。”

在这段话中，梁启超告诫梁思成，当下的学习虽然看似枯燥无味，但却是最基础的，只要踏踏实实去做，未来必定有所收获。梁启超指出，人生成就之大小虽然要看天分，但是，若无基础的本领则根本谈不到成就。而这基本的本领之养成，就要靠一分一分踏实的耕耘。如梁思成所学的绘图，看似只是匠人之事，但若没有这个基础，就不能了解建筑的本质与精义。而这绘图，有美国的、欧洲的、中国的，花三年学美国的是必要的，未来再继续学欧洲的、中国的，也是必要的，只有把这些必要的基本知识牢靠地学好，才有可能读透建筑的真谛。因此梁启超告诉梁思成，儿子应当像自己一样，信服曾国藩的两句话：“莫问收获，但问耕耘。”将来的事情无法预料，只有不骄不躁、认真细致地做好当下的事，才能一点一点地进步，从而为社会做出贡献。梁启超还指出，他自己之所以能在学术上有所成就，端赖此八个字。

在给梁思成的另一封信中，梁启超进一步嘱咐他应该如何做学问：“凡做学问总要‘猛火熬’和‘慢火炖’两种工作，循环交互着用去。在慢火炖的时候才能令所熬的起消化作用，融洽而实有诸己。思成，你已经熬过三年了，这一年正该用炖的工夫。不独于你身子有益，即为你的学业计，亦非如此不能得益，你务要听爹爹苦口良言。”梁思成最终在梁启超谆谆教诲下，成为中国现代建筑学的奠基人。他后来在宾夕法尼亚大学建筑系获得了硕士学位，回国后，在梁启超的建议下到条件比较艰苦的东北大学工作，并在那里创建了我国在北方的第一个建筑系。日本入侵东北后，他回到北京，加入了中国营造学社，开始了全面考察中国古建筑的工作。为了完成这项工作，他走出书斋，下到田间地头，走遍了华北的各个角落。从1931年到1937年，他用科学的方法对我国北京的古建筑进行了测绘、分析、摄影、研究，形成了无数珍贵的科学报告，为中国建筑学史的研究开辟了道路。抗战爆发后，他在后方坚持工作，并在这时完成了我国第一部《中国建筑史》，填补了中国建筑史研究的空白。此后，他在清华大学建立建筑系，在中华人民共和国成立后为北京城的设计出谋划策，为保护老北京的建筑呕心沥血。他的一生，可以说是为中国建筑奉献的一生。而这一切成就，都离不开梁启超的启迪、教诲与帮助。

另外，梁启超还特别愿意尽自己的力量帮助孩子们成长，哪怕这种成长要受些苦。当时，梁启超的二儿子梁思永在美国哈佛大学学习考古学，他想在1927年间回国实习。当时，国内的考古考察条件其实十分差，但是梁启超非常同意他的想法，还积极帮忙联系。他帮梁思永联系了在清华大学任教的中国考古学的奠基人李济，李济答应可以让梁思永到山西的农村去实习。可惜这件事情因各种原因没有成行。不过，梁启超的帮助使梁思永和国内考古学界建立了很好的联系，他于1930年毕业回到中国后，就立马投入到河南安阳小屯、山东历城城子崖等地的考古中去。而最终也在中国考古学领域做出了突出贡献，并于1948年当选为中国科学院院士。这不能说没有梁启超的功劳。

三、善处忧患贫贱，遵循理性生活

梁启超身处高位，授课收入、工作收入、稿费收入都不低，家庭条件很好。但是他始终牢记自己的寒门出身，所以也要求孩子们要能过贫贱的生活，并且能熬过忧患的日子。

孩子们小时，梁启超常常让孩子们围坐在小圆桌旁，自己一边怡然自得地喝着酒，一边绘声绘色地讲中外历史上的故事。不仅和他们说国家大事、人生哲学、做学问的方法，也向他们倾诉生活中的苦乐悲欢，将做人的道理融入其中。他告诫儿女：“生当乱世，要吃得苦，才能站得住。一个人在物质上的享用，只要能维持着生命便够了。至于快乐与否，全不是物质上可以支配。能在困苦中求出快活，才真是会打算盘哩。”“我自己常常感觉我要拿自己做青年的人格模范，最少也要不愧做你们姊妹弟兄的模范。”他在写给孩子们的信中说：“处忧患最是人生幸事，能使人精神振奋，志气强立。两年来所境较安适，而不知不识之间德业已日退，在我尤然，况于汝辈，今复还我忧患生涯，而心境之愉快视前此乃不啻天壤，此亦天之所以玉成汝辈也。”他认为忧患可以磨炼人的精神，而安适的生活则会让人丧失奋斗之心念，忧患对生活其实是有帮助的。他进一步讲道：“人之生也，与忧患俱来，知其无可奈何，而安之若命。你们都知道我是

《少年中国说》铭文

感情最强烈的人，但经过若干时候之后，总能拿出理性来镇住他，所以我不致受感情牵动，糟蹋我的身子，妨害我的事业。这一点你们虽然不容易学到，但不可不努力学学。”这就是告诉孩子们要运用理性来克制生活中的种种不如意。

1923年5月，梁思成不幸被汽车撞折腿骨住院，至少要推迟一年去美国留学，他为此焦虑不安，但仍急于成行。为此，梁启超专门写信给思成说，“人生之旅途苦长，所争决不在一年半月，万不可因此着急失望，招精神上之萎畏。汝生平处境太顺，小挫折正磨炼德性之好机会”，况且在国内多预备一年，再多读些本国文化的书而温习背诵之，“亦未尝有损失耶”。

面对突如其来的变故，一定要理性地告诉自己要不急不躁、不慌不乱，这样才不会生气、暴躁，而劫难也终将会过去。梁启超有时候也会拿自己举例子：“你们几时看见过爹爹有一天以上的发愁，或一天以上的生气？我关于德性涵养的工夫，自中年来很经些锻炼，现在越发成熟，近于纯任自然了。我有极通达、极健强、极伟大的人生观，无论何种境遇，常常是快乐的。”梁启超同时也常常鼓励孩子们，相信他们一定也能做到自己想做的事，“我自己常常感觉我要拿自己做青年的人格模范，最少也要不愧做你们姊妹弟兄的模范。我又很相信我的孩子们，个个都会受我这种遗传和教训，不会因为环境的困苦或舒舒服而堕落的”。的确，梁启超的孩子们后来大都历经磨难，从军阀混战到抗日战争，几乎经历了中国近现代的几次大事件。但在这些事件和运动中，他的孩子们都能持身中正，皆不负梁门清誉，为祖国的复兴奉献了所有力量。他们的立身处世，始终没有愧对梁启超的教诲，而他们能在最艰难的时期坚持下来，自然与梁启超的告诫是分不开的。

梁启超认为，人不仅要善于面对忧患，还要能过得了贫贱的生活。梁启超总是告诉孩子们，要谨记梁家原是“寒门”，所以不可以贪恋优越的生活，而应知道“人类之物质生活，应以不妨碍精神生活之发展为限度，太丰妨焉，太谷亦妨焉！应使人人皆为不丰不谷的平均享用，以助成精神生活之自由而向上。”所以他时常教育孩子们要学会吃苦、懂得吃苦，保持简朴的生活习惯。他在给远在加拿大的大女儿梁思顺的信中说：“你和希哲都是寒士家风出身，总不要坏自己家门本色，才能给孩子们以磨炼人格的机会。生当乱世，要吃得苦，才能站得住（其实何止乱世为然）。一个人在物质上的享用，只要能维持着生命便够了。至于快乐与否，全不是物质上可以支配。能在困苦中求出快活，才真会打算盘哩！”

在梁思成夫妇回国之前，梁启超也写信给他们，警告他们回国并不是享受，而是要经历艰苦：“我想你们这一辈青年恐怕要有十来年——或者更长要挨极艰难困苦的境遇，过此以往却不是无事业可做，但要看你对付得这十几、二十年风浪不能。你们现在就要有这种彻底觉悟，把自己的身体和精神十二分注意锻炼修养。”

理性也是梁启超为人处世所遵循的原则，所以他对不理智的事也会叹恨良多。其中最使他感到遗憾的就是徐志摩结婚一事，他在1926年10月4日给孩子们的信中，就谈到了这件事情：“我昨天做了一件极不愿意做之事，去替徐志摩证婚。他的新妇是王受庆夫人，与志摩恋爱上，才和受庆离婚，实在是不道德至极。我屡次告诫志摩而无效。胡适之、张彭春苦苦为他说情，到底以姑息志摩之故，卒徇其情。我在礼堂言说一篇训词，大大教训一番，新人及满堂宾客无一不失色，此恐是中外古今所未闻之婚礼矣。今把训词稿子寄给你们一看。青年为感情冲动，不能节制，任意决破礼防的罗网，其实乃是自投苦恼的罗网，真是可痛，真是可怜！徐志摩这个人其实聪明，我爱他不过，此次看着他陷于灭顶，还想救他出来，我也有一番苦心。老朋友们对于他这番举动无不深恶痛绝，我想他若从此见摈于社会，固然自作自受，无可怨恨，但觉得这个人太可惜了，或者竟弄到自杀。我又看着他找得这样一个人做伴侣，怕他将来苦痛更无限，所以想对那个人当头一棒，盼望他能有觉悟（但恐甚难），免得将来把志摩累死，但恐不过是我极痴的婆心便了。闻张歆海近来也很堕落，日日只想做官，志摩却是很高洁，只是发了恋爱狂——变态心理——变态心理的犯罪。此外还有许多招物议之处，我也不愿多讲了。品性上不曾经过严格的训练，真是可怕，我把昨日的感触，专写这一封信给思成、徽音、思忠们看看。”梁启超在这封信中说，徐志摩的婚姻是感情压倒了理性的结果，未来极可能招致恶果。而他也以此为例，告诫自己的孩子们，青年人好为感情而动，这是难免的，但是一定要用理性予以节制，才可使生活归于正轨，否则只会使生活陷入难以想象的苦闷。所以他认为，一定要使理性成为生活的准则。因此他特意把这件事情讲给自己的儿子、儿媳听，希望他们能以此为戒。

事实上，对于如何教育人，梁启超有过全面的论述：“人类心理有知、情、意三部分，这三部分圆满发达的状态，我们先哲名之为三达德——智、仁、勇。为什么叫做‘达德’呢？因为这三件事是人类普通道德的标准，总要三件具备才能成一个人。三件的完成状态怎么样呢？孔子说：‘知者不惑，仁者不忧，勇者不惧。’所以教育应分为知育、情育、意育三方面，知育要教到人不惑，情育要教到人不忧，意育要教到人不惧。教育家教学生，应该以这三件为究竟，我们自动的自己教育自己，也应该以这三件为究竟。”这是说，人的全面发展是知识、情感、意志三方面的全面发展，任何一项有所欠缺皆是人生的重大缺憾，而那样的人生也终究会出问题。比如徐志摩就是感性重于理性，梁启超认为，那样的人生是不好的。的确，一个人只有知识丰富、情感充沛、意志坚强，才能明理而不困惑，有情而不忧愁，意志强大而无所畏惧，这样的人才能有成就。梁启超的孩子们正是在梁启超这种全面发展的教育理念下，才最终有所成就。

四、有趣生活、有情生活

当然，梁启超并不因为循理而成一个呆板之人，他其实是一个兴趣广泛而很有趣的人。所以他也教育自己的孩子，学有所长虽然很重要，但同时要有多方面的兴趣，尤其是要有些人文的兴趣，这样才不会把生活弄得单调而产生厌倦。他在1927年8月29日致梁思成的信中说："思成所学太专向了，我愿意你趁毕业后一两年，分出点光阴多学些常识，尤其是文学或人文科学中之某部门，稍为多用点工夫。我怕你因所学太专门之故，把生活也弄成近于单调，太单调的生活，容易厌倦，厌倦即为苦恼，乃至堕落之根源。再者，一个人想要交友取益，或读书取益，也要方面稍多，才有接谈交换，或开卷引进的机会。不独朋友而已，即如在家庭里头，像你有我这样一位爹爹，也属人生难逢的幸福，若你的学问兴味太过单调，将来也会和我相对词竭，不能领着我的教训，你全生

梁启超与儿女

活中本来应享的乐趣也削减不少了。我是学问兴趣方面极多的人，我之所以不能专积有成者在此。然而我的生活内容，异常丰富，能够永久保持不厌不倦的精神，亦未始不在此。我每历若干时候，趣味转过新方面，便觉得像换个新生命，如朝旭升天，如新荷出水，我自觉这种生活是极可爱的，极有价值的。我虽不愿你们学我那泛滥无归的短处，但最少也想你们参采我那烂漫向荣的长处。”梁思成所学为工科，是极容易陷入单调的生活，所以梁启超特别用心对他讲解兴趣广泛的重要意义。他指出，专门的学习容易把生活弄得单调，进而厌倦、苦恼于生活之乏味，这样的话，很容易使生活出现问题，而文史哲却使生活丰富起来。可以看到，梁启超抛弃了传统家风以“玩物丧志”为警戒而要求子弟“两耳不闻窗外事，一心只读圣贤书”的教训，而从近代人的多样性的角度，要求孩子们要培养广泛的兴趣，这样人生才会多姿多彩。

不仅趣味很重要，情感也是必要的。梁启超认为处理事情应以理性为指导，但并不是说情感就不重要了。情感也很重要，生活若没有感情，就干瘪无味了。梁启超本身是一个情感充沛的人，如他对自己的孩子们就充满了热爱。他曾在一封信中说：“你们须知你爹爹是最富于情感的人，对于你们的爱情，十二分热烈。”因为特别爱孩子，所以他给每个孩子都起了昵称，如大女儿思顺为“宝贝”“乖乖”，还唤其他孩子“达达”“庄庄”“小白鼻”等。正是因着这种爱，他才会留下数百封给孩子们的家信，我们也才能了解到梁启超是如何教育孩子的。据说，梁启超每次收到孩子们给他的信，都会非常高兴，“今天从讲堂下来，接着一大堆信——坎拿大三封内夹成、永、庄寄加的好几封，庄庄由纽约来的一封，又前日接到思永来一封，忠忠由域多利的一封——令我欢喜得手舞足蹈”。这样的欢喜，是多么的真实而浓郁啊！

更难能可贵的是，与一般的父母爱子女而难以兼爱儿媳、女婿不同，

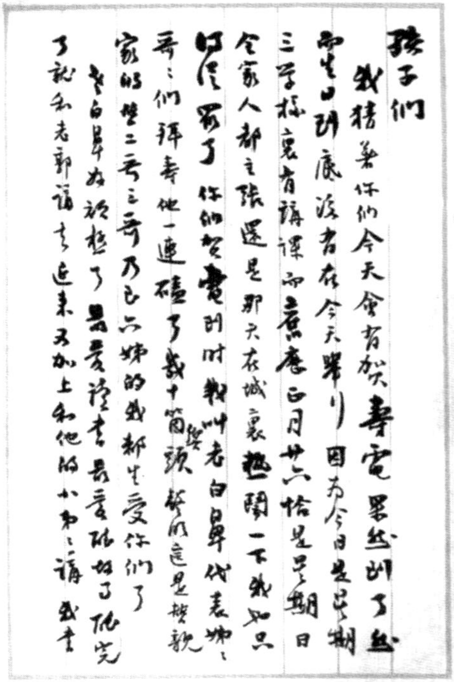
孩子们：
我猜着你们今天会有贺寿电，果然接到了。然而生日到底没有在今天举行，因为今日是星期三，学校里有讲课，而[illegible]正月廿六恰是星期日，全家人都主张还是那天在城里热闹一下。我知只[illegible]罢了。你们贺电到时，我叫老白鼻代表姊姊、哥哥们拜寿，他一连磕了几十个响头，[illegible]是[illegible]家的双二哥、三哥乃至六婶的我都生受你们了。老白鼻好顽极了，最爱读书，最爱[illegible]好了[illegible]完了就和老郭[illegible]近来又加上和他的小弟弟请我[illegible]

梁启超家书手迹

梁启超对儿媳、女婿也是疼爱有加。他在林徽因过门时就曾说：“我以素来偏爱女孩之人，今又添了一位法律上的女儿，其可爱与我原有的女儿们相等，真是我全生涯中极愉快的一件事。”另外，在他的家书中，对大女婿周希哲有过多次的鼓励和认同。正是他对孩子们无微不至的爱，使得他的孩子们可以在父爱下幸福地成长，进而能自由地发展自己的天性，最终个个都有所成就。

正是在梁启超这样的教育下，中国近代历史上一段旷世奇缘才会发生，这就是梁思成和林徽因的结合。林徽因的父亲和梁启超是多年的好友，在孩子十几岁的时候就希望促成他们的婚姻。但是梁启超深知婚姻自由对婚姻幸福的重要性，所以他告诉两个孩子，是否结婚还是要由他们自己决定。过了几年，梁思成和林徽因经过接触，相互认可、相互爱恋。在1923年梁思成车祸的时候，林徽因每天细心照顾他。后来，两个人一起出国留学，并最终在国外结成连理。这期间，曾有很多人追求过林徽因，比如上面提过的著名诗人徐志摩，以及同在国外留学的哲学家金岳霖。1920年时，年仅16岁的林徽因就已经出落得亭亭玉立了，徐志摩对她一见倾心，并展开了猛烈的追求。不过，因着家教以及平常受梁启超的影响，林徽因拒绝了徐志摩，而始终坚定地选择梁思成。在留学期间，梁、林两人的感情日益深厚，互相更是爱慕不已，梁思成的弟弟梁思永曾写过一副打油的对联，上联是“林小姐千装万扮始出来”，下联是“梁公子一等再等终成配”，横批是“诚心诚意”。这副对联虽有戏谑的成分，但却将两人的真挚情谊表现得淋漓尽致。梁思成和林徽因结婚后，两人虽然也像一般小夫妻那样常常吵闹，但两人从来都是“欢喜冤家”，所以他们婚后的生活也非常幸福。而这种幸福，也为他们事业的发展提供了保障。而这种成功的背后，正是梁启超对他们的悉心教育。

梁启超虽没有家训之类的著作流传后世，但他留下的几百封给孩子们的信却是最好的家风良训。梁启超是中国由传统而转向现代的代表性人物，所以他的家书中蕴含着由传统走向近代的印记。他对个性化的重视，对理性与情感平衡的论述，都体现出现代性的因素。但他同时也传承着持家有道默默耕耘的传统美德，还平衡着中西方的教育理念。这样，他的孩子们就在古今、中西之间获得了充分的平衡，而在“三千年未有之大变局”中皆能有所成就。梁思成和林徽因在国外结婚的时候，人们本来以为林徽因会穿着西式的婚纱，但结果林徽因自己设计了一套中国特色的婚服，这令当时人们惊叹不已。这正体现了梁氏一门家风的独特所在。而我们今日重温梁启超的家书和家风，体会这种既能保留其稳定内涵，又能因时而变的教育理念，对于今天的家庭教育仍具有借鉴意义。

（执笔：王　正）

后　记

古语有言，“天下之本在国，国之本在家，家之本在身”，在中国人的精神谱系里，“家”与“国”始终紧密相连，而营造优良家风也是中华民族自古以来的传统。

千百年来，以《孝经》《诫子书》《朱子家训》等为代表的家规、家训记载了许多发人深省的至理名言和感人肺腑的家风故事。这些名言与故事，蕴含着中华民族丰富的传统美德，不仅是家庭和家族的宝贵财富，也是中华优秀传统文化的重要载体。良好的家风、家训有利于和睦的家庭氛围，不仅关系着每个家庭成员的幸福感，也关系着整个社会的道德水平和文明风尚。

改革开放以来，随着我国经济的高速发展，文化在国家核心竞争力中越来越凸显，灿烂的中华文化、中国智慧不仅为自身提供了丰厚的滋养，也为人类文明作出了卓越贡献。作为中国传统文化的重要载体，代代相传的优良家风以其独特意蕴，塑造着中华儿女的人生观、价值观，引导着整个国家和社会的价值取向，对社会、生活、文化产生了不可替代的作用。习近平指出，家庭是社会的细胞。家庭和睦则社会安定，家庭幸福则社会祥和，家庭文明则社会文明。我们要认识到，千家万户都好，国家才能好，民族才能好。国家富强，民族复兴，人民幸福，最终要体现在千千万万个家庭都幸福美满上，体现在亿万人民生活不断改善上。家庭作为连接个人、社会和国家的桥梁纽带，是现代中国经济文化建设的重要基点，而优良家风也成为推动中华民族伟大复兴的宝贵资源。进入新时代，传承家庭美德，弘扬优良家风，依旧是增强人民幸福感、获得感，推动家庭兴旺、社会和谐、民族进步、国家富强的宝贵财富。

良好家风是今天培育社会主义核心价值观的重要内容，着眼于此，2015年，我们立足中华优秀传统文化，从传统家风观念的通俗化入手，着力挖掘中国几千年丰富的家风资源，解析传统家风的核心精神与内涵，出版了《家风十章》一书，出版以来获得了广大读者的欢迎与认可。为了更好地呈现家风的鲜活力量，我们着眼于伟大人格和家风故事的魅力，继续编写了本书——《家风十日谈》，是为《家风十章》的姊妹篇。相比《家风十章》侧重说理，本书侧重人物家风故事。对于大众而言，理论是“灰色”的，而人格与故事则是鲜活的、感人至深的，以此，本书以历史为轴，选取两千多年来在家风家教方面有代表性的十位先贤，基本涵盖中国主要朝代，讲述他们的家风家训和家风故事；同时，我们并不孤立地讲故事，而是将传统家风的基本条目融于故事中，将义理融于故事，娓娓道来，以期与《家风十章》一经一纬，相互呼应，呈现中国家风的基本精神，展现其润物无声的力量。

本书是集众人之力的成果，中国社会科学院研究员李存山主持编写，负责全书的总体设计、内容审核与把关；由中国社科院、北京大学、同济大学等多名青年学者参与共同执笔，具体分工如下：第一日，谷继玥；第二日，肖磊；第三日，王玉彬；第四日，王玉彬；第五日，肖磊；第六日，王正；第七日，肖磊；第八日，谷继明；第九日，王正；第十日，王正。在编写过程中，本书还吸收了不少专家、学者的研究成果，收入了不少插图，鉴于本书为普及性通俗读物，有关参考资料未作详细标注，也未及联系相关责任人，敬请谅解。由于时间仓促、篇幅限制和水平有限，加之中华家风文化博大精深，家风故事浩如烟海，因此虽然我们倾注了较大心力，部分章节数易其稿，但仍然存在种种不足，敬请方家批评指正。

家训箴言意味深长，家风故事感人至深，我们希望借由这个姊妹篇，通过人格的魅力和故事的力量，让读者再一次具体而生动地感受中华优秀家风的力量。

编　者

2017年12月